Alfred Nalepa

Beiträge zur Systematik der Phytopten

Alfred Nalepa

Beiträge zur Systematik der Phytopten

ISBN/EAN: 9783741125355

Hergestellt in Europa, USA, Kanada, Australien, Japan

Cover: Foto ©Klaus-Uwe Gerhardt /pixelio.de

Manufactured and distributed by brebook publishing software
(www.brebook.com)

Alfred Nalepa

Beiträge zur Systematik der Phytopten

Beiträge zur Systematik der Phytopten

von

Dr. Alfred Nalepa,

k. k. Professor an der Lehrer-Bildungsanstalt in Linz a. d. D.

(Mit 9 Tafeln.)

In meiner Arbeit über die Anatomie der Phytopten habe ich schon darauf hingewiesen, dass die Phytoptengenera und -Species, welche bisher in nicht unbedeutender Anzahl aufgestellt wurden, unhaltbar und für die Systematik werthlos sind, da eine wissenschaftliche Begründung derselben fehlt.

Die meisten Gattungs- und Artnamen haben den Prager Arzt Dr. C. Amerling zum Autor. Amerling untersuchte mit vielem Fleisse eine nicht unbeträchtliche Anzahl von Pflanzenmissbildungen und wies die wahre Natur derselben als Acarocecidien nach. Die Resultate dieser Untersuchungen sind in einer Reihe von Abhandlungen niedergelegt, deren Titel ich bereits früher (Anat. d. Phyt., Sitzber. d. kais. Akad. XCVI. Bd. 1887, S. 121, 2) angeführt habe.

Über die Natur der gallenerzeugenden Milben blieb jedoch Amerling völlig im Unklaren. In den meisten Fällen nahm er an, „dass Acariden verschiedener Familien und Geschlechter „in ihren mannigfaltigen Specien, Altersperioden und Generati„onswechseln die Ursache derselben (sc. Taphrinen, Erineen, „Phyllerien etc.) sind.“[1] Er sagt dann weiter, dass er von der einen Milbenart „nur die Primordien und Larven, von einer „anderen bloss die Zwischenformen, von einer dritten nur die „mehr oder weniger ausgewachsenen oder vollkommen entwickel„ten Milbenarten“ bisher beobachten konnte. Aus diesem

[1] Amerling, Ges. Aufsätze etc. Prag 1868, S. 190 und S. 191.

Geständnisse geht wohl klar hervor, dass Amerling die Phytopten überhaupt nur als Larvenzustände betrachtete und in dieser irrthümlichen Ansicht hauptsächlich durch das gar nicht seltene Auftreten von Inquilinen (*Dendroptus*- s. *Tarsonemus*-Arten) bestärkt wurde.

Die Namen, mit welchen Amerling seine hypothetischen Milbenformen belegte, geben ein weiteres Zeugniss von seiner unzureichenden Kenntniss dieser Thiere. Für die Erzeuger der verschiedenen Arten von Missbildungen schuf Amerling eigene Genera; so z. B. werden für die Milben, welche Erineen erzeugen, die Gattung *Erineus* (*E. Mali, Betulae, Populi* etc.), für die, welche Phyllerien erzeugen, die Gattung *Phyllereus* (*Ph. tiliae, Juglandis*, etc.) u. s. w. geschaffen. Da auf manchen Pflanzen sehr häufig mehrere Arten von Cecideen auftreten, so war Amerling genöthigt, anzunehmen, dass eine und dieselbe Pflanze von mehreren Gattungen und Arten bewohnt werde, deren jede eine besondere Art von Missbildungen erzeuge; so sollen nach Amerling auf *Prunus* und *Carpinus* nicht weniger als fünf, auf *Tilia* gar sieben verschiedene Milbenarten und -Gattungen auftreten.

Da Amerling die Milben, ohne sie zu kennen, nur „der Arbeit nach“, die sie verrichten, classificirte, so war er nicht selten gezwungen, für bedeutungslose Abweichungen bei derselben Gallbildung verschiedene Milbenarten als Urheber derselben anzunehmen. Dass z. B. die Blattausstülpungen der Blätter von *Salvia pratensis* L. eine Verschiedenheit in der Behaarung aufweisen, war für Amerling ein hinreichender Grund, um zwei sogar generisch verschiedene Milbenformen (*Bursifex Salviae* und *Tricheutes Salviae*) aufzustellen.

Diese Art, neue Genera und Species zu schaffen, wurde längst von berufener Seite als im hohen Grade voreilig und unwissenschaftlich verurtheilt. Allein es darf nicht unerwähnt bleiben, dass Amerling in seinen Schriften wiederholt betont, dass den von ihm geschaffenen Namen nur ein provisorischer Charakter beizumessen sei, denn „sine nomine perit cognitio rei.“[1]

---

[1] Amerling. Bedeutsamkeit der Milben in der Land-, Garten- und Forstwirthschaft. Ges. Aufs. S. 165.

Die Anzahl der Species, welche von anderen Beobachtern, wie v. Frauenfeld, geschaffen wurden, ist sehr klein; aber auch sie entbehren einer wissenschaftlichen Begründung und sind für die Systematik werthlos. Immer soll die Angabe der Nährpflanze über den Mangel einer Diagnose hinweghelfen. Wie voreilig diese Art der Creirung neuer Arten ist, werde ich zu zeigen wiederholt Gelegenheit haben.

Ehe ich daran gehe, die Ergebnisse meiner Untersuchungen im Allgemeinen darzulegen, will ich aus F. Löw's Schriften eine Stelle citiren, die in hohem Masse geeignet ist, unsere heutige Kenntniss von der Systematik der Gallmilben zu charakterisiren. Der ausgezeichnete Kenner österreichischer Phytoptocecidien schreibt:

„Obgleich ich die Milben aus vielen der vorstehend beschriebenen Pflanzendeformationen bei 600maliger Vergrösserung untersuchte, so konnte ich doch keine genügenden und zuverlässlichen Merkmale für die specielle Unterscheidung derselben entdecken. Ich stimme daher Herrn Dr. Thomas vollkommen darin bei, dass es derzeit noch unmöglich ist, sichere bestimmbare Arten der Gattung *Phytoptus* Duj. aufzustellen und halte sonach den Vorgang v. Frauenfeld's und Anderer, Species bloss nach den verschiedenen Nährpflanzen aufzustellen und zu benennen, ohne im Stande zu sein, auch nur halbwegs eine Charakteristik derselben zu geben, für einen ganz unwissenschaftlichen. Wenn überhaupt bei diesen Thieren Artencharaktere vorhanden sind, so scheinen dieselben so subtil zu sein, dass sie erst bei einer bedeutend stärkeren Vergrösserung wahrgenommen werden können.“[1]

Gewiss sind in vielen Fällen die Artencharaktere so subtil, dass sie leichter durch den Stift des Zeichners festgehalten, als mit Worten präcis beschrieben werden können. Die Lebensbedingungen dieser Parasiten sind eben viel zu gleichartige, um den Formenreichthum und die Differenzirung der Arten zu begünstigen. Aus diesem Grunde ist es auch häufig schwierig, bezeichnende Namen für gewisse Species zu finden.

---

[1] Löw F., Beiträge zur Naturgeschichte der Gallmilben (*Phytoptus* Duj.). Verh. der zool.-bot. Gesellsch. in Wien, 1874, Bd. XXIV, S. 12.

Während bei anderen Milben, z. B. bei den Tyroglyphen, die Anzahl der Borsten, ihre Stellung etc., sowie das Stützgerüst der Beine oft sehr charakteristische Merkmale abgeben, finden wir bei den Phytopten in dieser Richtung eine solche Gleichförmigkeit, dass gewisse Borsten, wie z. B. die am Endglied des Tarsus, an der Rückseite der Tibia, die drei Brustborstenpaare, die Seitenborsten und die drei Bauchborstenpaare, sowie die Analborsten für die Familie der Phytoptiden typisch gelten können. Die einzigen Unterschiede, welche sich hierin bei den einzelnen Arten ergeben, beziehen sich auf die relative Länge und zum Theil auch auf die Stellung dieser Borsten. Ebensowenig geben Grösse, Anzahl der Körperringel, ihre Punktirung und dergleichen scharfe und auffällige Artencharaktere ab. Auch die Körperfarbe, auf welche ältere Beobachter sichtlich Gewicht zu legen scheinen, ist für die Unterscheidung der Arten völlig werthlos.

Die jungen Thiere, sowie auch die geschlechtsreifen Thiere sind im jungen Laub weiss oder gelblichweiss. Sobald sich aber die Gallen zu röthen anfangen, oder im Herbste das Laub sich zu verfärben beginnt, ändert sich auch die Körperfarbe der Gallmilben: sie werden gelbroth, rostroth oder braun.

Am brauchbarsten für die rasche Unterscheidung der Species haben sich die Zeichnung auf der Oberfläche des Thoracalschildes, die Stellung der Rückenborsten, die Gestalt der Beine, insbesondere die relative Länge der Tarsalglieder, der weibliche Geschlechtsapparat und zum Theil auch die sogenannte federförmige Haftklaue erwiesen.

Trotz der grossen Gleichförmigkeit der Artencharaktere konnten bisher doch schon einige wohlcharakterisirte Gattungen aufgestellt werden. Die mir bisher bekannten Gattungen lassen sich in zwei Gruppen sondern:

A. Abdomen gleichartig geringelt, ohne Differenzirung von Bauch- und Rückenfläche.

Gattung *Phytoptus* Duj. Körper walzenförmig oder wurmförmig. Sternum und Bauchfläche liegen fast in derselben Ebene. Thoracalschild nicht oder nur unbedeutend über dem Rüssel vorgezogen. Meist Bewohner von beutelartigen Gallen, Erineen etc.

Gattung *Cecidophyes*[1] n. g. Cephalothorax stark verbreitert, Abdomen sich nach hinten verjüngend. Sternum und Bauchebene bilden einen deutlichen Winkel. Vorderrand des Thoracalschildes meist etwas über der Mundöffnung vorgezogen. Zu dieser Gattung gehören zumeist die in den Triebspitzendeformationen, Blattfalten etc. wohnenden Gallmilben.

B. Abdomen nicht gleichartig geringelt; Bauch- und Rückenseite deutlich unterschieden. Körper häufig ventralwärts abgeflacht.

Gattung *Phyllocoptes*[2] n. g. Kopfbrustschild über der Mundöffnung dachförmig vorgezogen. Bauchseite fein gefurcht, Rückenseite mit schienenartigen Halbringen bedeckt.

Gattung *Acanthonotus*[3] n. g. Körpergestalt und Körperbedeckung wie bei Phyllocoptes; die dorsalen Halbringe tragen jedoch in der Mediane stark vorspringende Stacheln.

Von dieser interessanten Gattung kenne ich bis jetzt nur eine Species, *Acanthonotus heptacanthus* n. g. n. sp. Das einzige Exemplar dieser Species, welches ich im *Cephaloneon pustulatum* Bremi von *Alnus glutinosa* L. in Gesellschaft mit *Phytoptus laevis* n. sp. fand, liegt im Präparate so ungünstig unter einem Haufwerk von Zelldetritus, dass eine ausführliche Beschreibung vorläufig unmöglich ist. Der Körper ist ventralwärts abgeflacht, hinter dem Kopfbruststück am breitesten und verschmälert sich von hier an stetig. Der Thoracalschild ist stark gewölbt und trägt am Hinterrande einen medianen Stachel. Die Bauchseite des Abdomens ist fein geringelt, die Rückenseite trägt breite Schilder, von welchen sieben mit 0·01 *mm* langen, nach hinten gebogenen Stacheln bewehrt sind. Zwischen dem vierten und fünften, fünften und sechsten, sechsten und siebenten Stachel sind Schilder mit sehr kurzen Stacheln eingeschoben. Das Ende des Abdomens trägt keine Stachel. Die Beine sind dünn, deutlich gegliedert. Das letzte Paar der Abdominalborsten ist sehr lang. Länge des ♂ (?) 0·12 *mm*, Breite 0·043 *mm*.

Die genaue Untersuchung ganzer Gallen förderte weiter die überraschende Thatsache zu Tage, dass gar nicht selten eine und

---

1 κηκίς, Gallapfel; φύω, erzeuge, mache.

2 φύλλον, Blatt; κόπτω, steche, verletze, verstümmle.

3 ἄκανθα, Stachel; νῶτος, Rücken.

dieselbe Galle zwei verschiedene Phytoptengenera *(Carpinus, Thymus, Acer)* oder gar zwei verschiedene Phytoptenspecies *(Corylus, Alnus incana?)* bergen kann. Dieser Umstand forderte zu grosser Vorsicht auf und erschwerte die Determinirung der Arten nicht unbedeutend. Als ich in den Blattfalten von *Carpinus Betulus* L. zum ersten Male neben einer zweifellosen Phytoptenspecies (*Ph. macrotrichus* n. sp.) in ziemlich grosser Menge eine Gallmilbe vorfand, die sich vermöge ihrer Körperform und der ausgesprochenen Differenzirung zwischen Dorsal- und Ventralseite sofort als eine andere Gattung *(Phyllocoptes)* repräsentirte, nahm ich eine zufällige Verunreinigung des Untersuchungsmateriales beim Einsammeln oder Conserviren an. Die seit vier Jahren zu verschiedenen Jahreszeiten und an verschiedenen Localitäten vorgenommenen Untersuchungen haben indessen zur Evidenz ergeben, dass die Falten längs der Seitennerven der Hainbuchenblätter immer von den beiden Milbenformen, *Phytoptus macrotrichus* und *Phyllocoptes carpini*, bewohnt werden. So sehr war ich in der alten Anschauung oder Voraussetzung, dass nämlich eine Galle nur immer von derselben Gallmilbe bewohnt werde, befangen, dass ich eher an einen Dimorphismus, als an das Zusammenleben getrennter Formen in einer und derselben Galle dachte. Allein auch dieser Gedanke erwies sich als unhaltbar, da die geschlechtsreifen Thiere, ♀ und ♂, der beiden Formen aufgefunden wurden und sich aus der Untersuchung der postembryonalen Entwicklung ergab, dass jeder Form auch besondere, wohl unterscheidbare Larven zukommen.

In welcher Beziehung beide Formen zur Gallbildung stehen, müssen weitere Untersuchungen klarstellen. Soweit heute meine Erfahrungen reichen, kann ich nur Vermuthungen aussprechen, die aber vielleicht geeignet sind, zu zeigen, welche Wege künftige Untersuchungen einzuschlagen haben.

In allen Fällen, wo zwei verschiedene Species oder Genera dieselben Gallen bewohnen, ist wohl die Annahme gerechtfertigt, dass eine der beiden Formen — und wahrscheinlich immer die in geringerer Zahl auftretende — als Inquilin zu betrachten ist. Gerade die Phytoptocecidien sind reich an theils zufälligen (Anguilluliden, Cecidomyiden-Larven etc.), theils ständigen Einmiethern (*Dondroptus* Kr. s. *Tarsonemus* Can.). In fast allen

Fällen, wo ich eine inquiline Form nachweisen konnte, ist diese als ständiger Einmiether zu betrachten. Die weiteren Fragen aber, ob die inquiline Gallmilbe eine vagabunde Form oder ein Gallenerzeuger ist, können heute mit Sicherheit nicht beantwortet werden.

Thomas hat bereits die Vermuthung ausgesprochen, dass nicht alle Phytopten nothwendig Gallenerzeuger sein müssen, und dass immerhin Formen denkbar seien, die eine umherschweifende Lebensweise führen. Für eine errante Form halte ich z. B. *Phyllocoptes loricatus* n. g. n. sp., welchen ich auf dem Haselstrauche fand. Zu dieser Annahme werde ich vornehmlich durch die mächtige Entwicklung des Exoskelettes bestimmt. Der Thoracalschild ist dachartig über dem Rüssel vorgezogen, und das Abdomen, welches bei den echten Phytopten feingeringelt und weich ist, bedecken auf der Rückseite mächtige schienenartige Schilder, welche als Duplicaturen des Integumentes aufzufassen sind. Die erranten Formen sind gewiss den Angriffen ihrer Feinde, insbesondere der schnellfüssigen Gamasiden, in weit höherem Masse ausgesetzt als die gallenerzeugenden Milben. Sie bedürfen daher zu ihrem Schutze auch einer mächtiger entwickelten Hautdecke. Auch der Umstand, dass sie so selten zur Beobachtung kommen, weist auf eine umherschweifende Lebensweise hin.

Aber auch die zweite Annahme, dass gewisse inquiline Formen vielleicht unter bestimmten Verhältnissen Gallen erzeugen, darf nicht ohne Weiteres von der Hand gewiesen werden. Insbesondere wird sich diese Frage in solchen Fällen zur Entscheidung aufdrängen, wo mehrere Arten von Phytoptocecidien von derselben Pflanze bekannt sind. Es kann die Möglichkeit schlechterdings nicht geleugnet werden, dass dieselbe Gallmilbe, welche auf einer Nährpflanze stets Gallen erzeugt, unter Umständen dies zu thun unterlässt, sobald sie mit anderen gallenerzeugenden Milben zusammentrifft, und als Einmiether in den fremden Gallen Schutz für sich und ihre Brut sucht. Sollten spätere Untersuchungen diese Annahme bestätigen, dann wäre das heute noch unaufgeklärte Vorkommen von mehreren verschiedenen Phytoptocecidien auf einer Nährpflanze in der einfachsten Weise erklärt.

Der Körper der Phytopten.

Ehe ich an die Beschreibung der einzelnen Arten und Gattungen gehe, wird es nothwendig sein, einiges über die Körperform der Phytoptiden im Allgemeinen und über die von mir gebrauchte Terminologie vorauszuschicken. Die systematische Stellung der Familie *Phytoptida* habe ich bereits in meiner Arbeit über die Anatomie dieser Thiere eingehend erörtert; an derselben Stelle wurde auch eine allgemeine Charakteristik der Familie gegeben.

Der Körper der Phytoptiden zerfällt in ein reducirtes Kopfbruststück und ein wurmförmiges oder abgeflachtes Abdomen. Der Cephalothorax ist von dem halbkreisförmigen, halbelliptischen oder dreieckigen Thoracalschild bedeckt, welcher meistens an der Oberfläche eine aus Leisten und Höckern bestehende Zeichnung trägt; bei dem Genus *Phyllocoptes* ist die Oberfläche des Schildes meist glatt. Am Hinterrande oder nahe demselben sitzen zwei meist steife Borsten, die Rückenborsten.

Auf der Ventralseite des Cephalothorax bemerkt man das Stützgerüst der Beine, die Epimeren. Die vorderen Stützleisten der Beine des ersten Paares vereinigen sich in der Mediane zu einer verschieden langen Leiste, der Sternalleiste oder dem Sternum, welches nur ausnahmsweise fehlt. Zu beiden Seiten des Sternums, zwischen den vorderen Stützleisten des ersten und zweiten Beinpaares sitzen das erste und zweite, zwischen den vorderen und hinteren Stützleisten des zweiten Beinpaares sitzt das dritte Paar Brustborsten. Die Borsten des ersten Paares sind die kürzesten, die des dritten Paares die längsten Brustborsten.

Der Rüssel — bei den echten Phytopten frei, bei der Gattung *Phyllocoptes* und *Acanthonotus* von dem dachförmig vorgezogenen Vorderrand des Thoracalschildes bedeckt — besteht aus den Maxillen, mit dem dreigliedrigen Maxillartaster und dem nadel- oder grätenförmigen Mandibeln (Kieferfühlern.) Das zweite Tasterglied trägt immer, das erste hingegen nur ausnahmsweise auf der Rückseite eine feine Borste.

Die Beine sind deutlich gegliedert, wenn die folgenden Glieder, insbesondere die Tarsalglieder, dünner sind als die vorhergehenden Glieder. Die Glieder sind: Coxa, Femur, Tibia, erstes und zweites Tarsalglied. Das zweite Tarsalglied trägt subterminal die federförmige Haftklaue (Landois.) Die Anzahl der Strahlen ist bei den einzelnen Arten verschieden. Ich nenne die Haftklaue z. B. vierstrahlig, wenn auf der einen Seite der Spindel vier deutliche Strahlen zu zählen sind, die Anzahl der Strahlen im Ganzen also acht beträgt. An der Aussenseite des zweiten Tarsalgliedes sitzt die längste Borste dieses Gliedes, die Aussenborste, an der Innenseite die immer kürzere Innenborste; überdies findet man an der Spitze meistens noch eine sehr kurze, oft schwer sichtbare Borste. Die Haftklaue wird von der Kralle (Thomas), die spitz, selten geknöpft ist, überragt. Das erste Tarsalglied trägt meistens nur auf der Rückseite eine kurze, unscheinbare Borste. Die Tibialborste auf der Rückseite der Tibia ist fast immer sehr lang; die Tibialborsten des zweiten Beinpaares sind immer kürzer als die des ersten Paares. Die Coxa trägt keine, der Femur nur an der Unterseite eine schwache Borste.

Das Abdomen endigt in den Schwanz- oder Anallappen, welcher meist seicht ausgerandet, seltener abgerundet ist. Bei einigen Arten zerfällt er in zwei fast halbkreisförmige Hälften, bei anderen erscheint er als ein auf der Bauchseite aufgeschlitztes, konisches Rohr, welches die Afteröffnung umgibt. An der Dorsalseite desselben sitzen in Gruben oder hinter dem letzten Körperring die geisselförmigen Analborsten, welche häufig von kurzen, steifen Nebenborsten begleitet sind. Überdies trägt das Abdomen: 1. die Seitenborsten in gleicher Höhe mit der Geschlechtsöffnung oder etwas unterhalb derselben an den Seiten des Abdomens; 2. drei, selten zwei Paare Bauch- oder Ventralborsten auf der Ventralseite des Abdomens. Die Borsten des zweiten Paares sind meist am kürzesten und sind einander sehr genähert; das letzte Paar sitzt gewöhnlich fünf Ringe weit von der Afteröffnung entfernt. Auf der Rückseite trägt das Abdomen nur ausnahmsweise Borsten.

Der weibliche Geschlechtsapparat besteht aus einer oberen und unteren Klappe. Die letztere hat die Gestalt einer abstehenden Tasche, deren oberer freie Rand entweder ausgerandet ist oder in einen Zipfel ausläuft und ist gekielt. Zu beiden Seiten derselben sitzen die Genitalborsten. Die obere Klappe ist abgerundet und bedeckt die untere mehr oder weniger vollkommen. Häufig erscheint sie durch zahlreiche Chitinleisten an ihrer Oberfläche längsgestreift. Die beiden Klappen bedecken von oben und unten her die Geschlechtsöffnung, welche bei einigen Arten deutlich als Längsspalt erscheint. Die männliche Geschlechtsöffnung erscheint als ein theils schwach, theils stark gebogener Querspalt mit wulstig verdeckten Rändern; die Unterlippe des Spaltes ist meist gekielt und trägt zu beiden Seiten die Genitalborsten.

Die Eier haben theils eine runde, theils eine elliptische oder ovoide Gestalt. Die Furchung der Eier konnte ich bisher noch nicht beobachten. Dieselbe endigt mit der Bildung eines einschichtigen Blastoderms, das eine centrale Dottermasse umschliesst. Durch locale Verdickung desselben entsteht eine aus hohen, cylindrischen Zellen bestehende Bauchplatte. Aus derselben wachsen hervor die Cheliceren als kleine, dicht nebeneinanderliegende Höckerchen, die Maxillen mit den Tastern und endlich die zwei Gangbeinpaare. Um dieselbe Zeit beginnt das Abdomen zu wachsen, um sich nach vorne zu krümmen, so dass es schliesslich der Ventralseite des vorderen Abschnittes gegenüberliegt. Dabei ist der grösste Theil des Dotters in das Abdomen übergegangen. (Taf. II, Fig. 4, 5.)

Um den zulässigen Umfang dieser Publication nicht zu überschreiten, beschränke ich mich im Nachstehenden auf die Determinirung der verbreitetsten Arten der Gattungen *Phytoptus* Duj., *Cecidophyes* n. g. und *Phyllocoptes* n. g. Die Fortsetzung dieser Arbeit wird nach Vollendung der nothwendigen Tafeln in kürzester Zeit erscheinen.

Gen. Phytoptus Duj.

Körper walzen- oder wurmförmig; Rüssel vom Thoracalschild nicht bedeckt. Abdomen gleichartig geringelt. Sternum und Ventralfläche liegen fast in derselben Ebene.

Dujardin, Ann. des sc. nat. Paris, 1851, p. 106. — Der Name Phytoptus wird durch die Bemerkung Dujardin's erklärt, dass die so benannten Milben auf Pflanzen schmarotzen, auf denselben Krankheiten verursachen und von Latreille in die Nachbarschaft von *Sarcoptes* gestellt worden seien. Der Name *Phytoptus* wurde also dem Namen *Sarcoptes* (eigentlich *Sarcocoptes*) in der Weise nachgebildet, dass an Stelle des Stammes σαρκ der Stamm φυτ gesetzt und die Endung es in us verändert wurde. Landois schreibt consequent *Phytopus*. Durch diese Schreibweise wird natürlich die Bedeutung des Wortes vollständig geändert.[1] v. Siebold schuf für die Gallmilben, die er eigentlich für Larven hielt, die Gattung *Eriophyes*.[2] Obwohl diese Bezeichnung älter als die Dujardin'sche ist, hat diese doch eine grössere Verbreitung und eine allgemeine Anwendung gefunden. Es liegt wohl nicht im Interesse der Nomenclatur, alte, wenig bekannte Namen hervorzusuchen und sie an Stelle von allgemein gebräuchlichen zu setzen.

Phytoptus pini Nal.

(Taf. I, Fig. 1, 2, 3; Taf. II, Fig. 4, 5.)

Phytoptus pini n. sp. — Nalepa, Die Anatomie der Phytopten. Sitzungsber. d. k. Akademie d. Wissensch. in Wien. Bd. XCVI, 1., 1887, S. 115.

Der Körper ist walzenförmig, bei den Larven und noch nicht vollreifen Geschlechtsthieren schlank, beim reifen Männchen hingegen auffallend dick und tonnenförmig.

Der Thoracalschild ist elliptisch und wird durch eine feine mediane Leiste in zwei Hälften getheilt. Vom Hinterrande des Schildes nach vorne ziehen zu beiden Seiten der Leiste zwei S-förmige geschwungene Linien, welche die Höcker der Rückenborsten umgreifen, wodurch eine für die Species sehr charakteristische leierförmige Zeichnung zu Stande kommt. Im Übrigen ist die Oberfläche des Schildes glatt. Abweichend von den meisten Phytopten ist die Stellung der Rückenborsten: Sie stehen nicht nahe dem Hinterrande, sondern fast in der Mitte des

[1] Näheres siehe Thomas, Über *Phytoptus* Duj. etc. Zeitschr. f. d. ges. Naturw., Bd. 33, 1869, S. 318.

[2] v. Siebold, Th. Zweiter Bericht über d. Arb. d. entomolog. Section. Achtundzwanzigster Jahresber. d. schlesischen Ges. für vaterl. Cultur. Breslau, 1850, S. 88—89.

Schildes den Seitenrändern sehr genähert, auf starken Höckern. Sie sind steif, beiläufig so lang als der Schild und sind nach vorne gerichtet. Sehr charakteristisch ist ferner eine kurze Borste, welche am Vorderrande des Schildes über der Mundöffnung sitzt.

Die Epimeren des ersten Beinpaares vereinigen sich in der Mediane, ohne jedoch eine Sternalleiste zu bilden. Die Epimeren des zweiten Beinpaares streben anfangs nach einwärts, biegen aber dann, ohne sich zu berühren, nach auswärts, um mit den hinteren Stützleisten zu verschmelzen. Die Ventralseite des Cephalothorax trägt drei Borstenpaare, welche allen echten Phytopten gemeinsam zu sein scheinen. Die Borsten des ersten Paares sind die kürzesten und sitzen zwischen den Epimeren des ersten und zweiten Beinpaares. Die Borsten des zweiten Paares sind einander genähert und sitzen an der äusseren Biegung der Epimeren des zweiten Beinpaares fast in gleicher Höhe mit den Borsten des dritten Paares, welche die längsten sind und hinter den Epimeren des zweiten Paares stehen.

Die Fresswerkzeuge sind kräftig entwickelt und werden vom Thoracalschild fast gar nicht bedeckt. Die Maxillen bilden einen 0·03 *mm* langen, schwach gekrümmten und nach vorwärts gerichteten Schnabel. Der Maxillartaster trägt ausser der typischen Borste auf dem zweiten Tastergliede noch eine Borste auf dem ersten Gliede.

Die Beine sind kräftig und plump; ihre Gliederung ist, weil die beiden Endglieder nur wenig in der Stärke von der vorhergehenden abweichen, nicht besonders deutlich. Die beiden Tarsalglieder sind kurz und in der Grösse wenig von einander verschieden; das Endglied ist vorne abgerundet und trägt eine lange, schwach gebogene Kralle, welche die federförmige siebenstrahlige Haftklaue überragt. Ausser den gewöhnlichen Borsten trägt das vorletzte Glied noch zwei kurze Borsten.

Das Abdomen ist gleichmässig geringelt; die Ringel (circa 80) sind mittelbreit und tragen eine Reihe feiner, ziemlich weit von einander abstehender Höckerchen.[1] Abweichend von den meisten übrigen Phytopten trägt das Abdomen auf dem Rücken, vom Hinterrande des Thoracalschildes etwa eine halbe

[1] Die Abdominalringe wurden immer auf der Rückenseite gezählt.

Schildlänge entfernt, ein Paar kurzer, nach aufwärts gerichteter Borsten.

Der Anallappen ist breit und schwach ausgerandet. Die Schwanzborsten sind geisselartig und besitzen kurze Nebenborsten. Die Seitenborsten sitzen etwas unterhalb der Geschlechtsöffnung, fast schon auf der Bauchfläche; sie sind die längsten Abdominalborsten. Die beiden ersten Paare der Bauchborsten sitzen auf der Bauchseite in der vorderen Hälfte des Abdomens; das dritte Paar ist ungefähr fünf Ringe von den Schwanzlappen entfernt; die Borsten desselben erreichen das Körperende nicht.

Der äussere Geschlechtsapparat liegt ziemlich weit hinter den Enden der Stützleisten des zweiten Beinpaares. Die äussere Geschlechtsöffnung des Männchens erscheint als ein querer, nur wenig gebogener, circa 0·026 *mm* langer Spalt, welcher von starken Chitinrändern umgeben ist. Die Klappe ist stark gekielt. Die äusseren Geschlechtsorgane des Weibchens weichen in ihrer Form bedeutend von jener der anderen Phytopten ab (Taf. I, Fig. 3). Die untere Klappe ist dreieckig-herzförmig und stark gekielt; die obere Klappe ist kurz, abgerundet und besitzt eine glatte Oberfläche. Auffallend ist die Kleinheit der Geschlechtsöffnung (circa 0·018 *mm*) in Anbetracht der grossen, etwa 0·085 *mm* langen, ovoiden Eier. Es scheint fast unmöglich zu sein, dass die Eier durch die enge Geschlechtsöffnung austreten können. Die nicht unbedeutende Erweiterungsfähigkeit des Geschlechtsapparates würde allein den Durchtritt der Eier nicht ermöglichen, wenn nicht die Eischale anfangs ungemein dehnsam und elastisch wäre.

Beim Passiren des Oviductes und der äusseren Geschlechtsöffnung wird daher das Ei vollkommen deformirt; der Beobachter gewinnt den Eindruck, als ob ungeformte Dottermasse aus der Geschlechtsöffnung fliessen würde.

Länge des geschlechtsreifen Weibchens bei 0·27 *mm*, Breite 0·06 *mm*.[1]

Länge des geschlechtsreifen Männchens bis 0·23 *mm*, Breite 0·074 *mm*.

---

[1] Unter der Länge ist immer die Entfernung vom Vorderrande des Schildes bis zum Ende des Anallappens verstanden. Die Breite des Körpers wurde unmittelbar hinter dem Cephalothorax gemessen.

Hartig beschreibt die von *Phytoptus pini* an den Zweigen von *Pinus silvestris* L. erzeugten Gallen.[1] Er fand in den Höhlungen derselben zahlreiche Milbenlarven, welche er näher beschreibt und für die Larven von *Oribata geniculata* Latr. hält. Die Beschreibung des ersten Larvenstadiums lässt annehmen, dass Hartig eine Gallmilbe vor sich hatte.

Thomas bemerkt in der kritischen Besprechung dieser Arbeit mit Recht, es sei anzunehmen, „dass die drei Stadien, welche Hartig als Entwicklungsstufen von *Oribata geniculata* Latr. zusammenstellt, nicht zueinander gehören.[2]

Löw macht auf den auffällig langen Rüssel dieser Gallmilbe aufmerksam.[3]

Phytoptus pini wurde von mir bereits in anatomischer Hinsicht eingehend untersucht, und die Resultate dieser Untersuchung wurden der Anatomie der Gallmilben zu Grunde gelegt.

Die Gallen fand ich während der Sommermonate auf einzelnen Stämmen oft in ungeheuerer Menge (Kirchberg a. Wechsel, Hassbach). Sie sitzen an den Trieben des Vorjahres einzeln oder in grösserer Zahl beisammen und erreichen oft die Grösse einer Bohne (Taf. I, Fig. 4). Die jungen Gallen sind anfangs vollkommen glatt, später werden sie runzelig, indem die Borkenbildung rasch fortschreitet. Alte Gallen sind vielfach zerrissen und zerklüftet. Die ersten Entwicklungsstadien der Gallen finden sich an den jungen Trieben zwischen den Nadeln als kaum wahrnehmbare Erhabenheiten. Die mit Gallen besetzten Zweige zeigen ein abnormales Längenwachsthum; sie hängen schlaff, oft vielfach gedreht herab und fallen dadurch schon von weitem auf. Die Nadeln fallen bald ab und dauern nur an der Vegetationsspitze aus.

---

[1] Hartig, Th., Forstliches Conversations-Lexicon, 2. Aufl., 1836, S. 737.

[2] Thomas, Fr., Über *Phytoptus* Duj. etc. Zeitschr. f. ges. Naturwiss. Bd. 33, 1869, S. 353.

[3] Löw, Fr., Beiträge zur Naturgesch. d. Gallmilben (*Phytoptus* Duj.), l. c. S. 10.

Phytoptus avellanae n. sp.

(Taf. II, Fig. 1, 2, 3; Taf. III, Fig. 3.)

Der Körper der Larven und des Weibchens ist walzenförmig, während er beim männlichen Thier nicht selten durch die mächtige Entwicklung der Geschlechtsdrüse eine Spindelform annimmt.

Der Cephalothorax ist fast dreieckig und vorne abgerundet; seine Seitenränder decken die Coxen des ersten Beinpaares gar nicht, die Coxen des zweiten Paares nur unvollständig. Der Hinterrand ist nur schwach nach auswärts gebogen. Die Oberfläche weist ausser einer Anzahl fast paralleler, undeutlicher und verschwommener Linien keine charakteristische Zeichnung auf. Dagegen trägt sie abweichend von den meisten bisher näher untersuchten Phytopten zwei Borstenpaare. Die Borsten des ersten Paares sind sehr kurz und stehen nahe an den Seitenrändern etwa zwischen dem ersten und zweiten Beinpaar. Genau unter ihnen, nahe am Hinterrande, sitzen die Borsten des zweiten Paares, welche mehr als doppelt so lang sind, als die des ersten Paares.

Die Beine sind kurz und kräftig; sie erinnern in ihrer Gestalt an jene von *Phytoptus pini*. Da die Endglieder nur wenig in ihrer Dicke von den übrigen Gliedern abweichen, so ist die Gliederung keine scharfe, und die Beine erscheinen daher walzenförmig.

Das Endglied des Tarsus ist kürzer als das vorhergehende Glied, gedrungen und an der Spitze abgerundet. Es trägt die federförmige, vierstrahlige Haftklaue und die schwach gebogene, stumpf endende Kralle, welche die Haftklaue überragt. Die Tibia ist fast genau so lang als das Endglied; die Borste, welche sie an der Rückseite trägt, ist von geringer Stärke und Länge.

Die Stützleisten des ersten Beinpaares vereinigen sich zu einer Sternalleiste, welche indessen die Biegung der Stützleisten des zweiten Paares nicht erreicht. Die Brustborsten des ersten Paares stehen in der Mitte zwischen den Stützleisten und weiter von einander entfernt als die des zweiten Paares, deren Insertionsstelle der Krümmungsstelle der Stützleisten sehr genähert ist.

Die Fresswerkzeuge bilden einen kurzen etwa 0·006 *mm* langen, dicken Rüssel, der schräg nach vorne gerichtet ist; die Mandibel sind schwach gekrümmt und circa 0·017 *mm* lang. Das erste und dritte Glied des Maxillartasters tragen Borsten.

Das Abdomen ist walzenförmig, seltener (beim Männchen) spindelförmig, deutlich geringelt und punktirt. Die Anzahl der Ringe beträgt beiläufig 70. Der Schwanzlappen ist gross und trägt die langen, geisselförmigen Schwanzborsten, welche von Nebenborsten begleitet sind. Die Beborstung des Abdomens weist grosse Ähnlichkeit mit der von *Ph. pini* auf. Ausnahmsweise tritt nämlich auch bei *Ph. avellanae* ein Paar ziemlich langer und steifer Borsten auf der Rückseite des Abdomens, ungefähr 8—10 Ringe vom Hinterrande des Schildes entfernt, auf. Die Bauchborsten sind kurz; das erste Paar sitzt ungefähr am Ende des ersten Viertels, das zweite Paar beiläufig in der Mitte des Abdomens.

Die männliche, sowie die weibliche Geschlechtsöffnung liegt ziemlich tief unter den Enden der Stützleisten. Die männliche Geschlechtsöffnung ist ein fast winkelig gebogener Spalt von einer Breite, welche der Entfernung der beiden Enden der Stützleisten entspricht. Die untere Klappe des weiblichen Geschlechtsapparates hat eine fast halbkugelige Gestalt und besitzt einen breiten, gerade abgeschnittenen Mittellappen. Die Eier sind länglichrund und haben beiläufig einen Durchmesser von 0·058 *mm*. Nicht selten trifft man Weibchen, welche sich durch einen auffallend dicken, walzenförmigen Hinterleib auszeichnen. Die Eier, welche man in der Leibeshöhle solcher Weibchen frei liegend findet, enthalten schon reife Embryonen. Einigemale fand ich sogar bereits ausgeschlüpfte Larven in der Körperhöhle. Eine analoge Erscheinung habe ich bereits bei den Tyroglyphen nachgewiesen;[1] sie wurde in jüngster Zeit von Canestrini bestätigt.

Das Weibchen erreicht eine Länge bis zu 0·21 *mm*, das Männchen bis 0·18 *mm*. Die Breite des Körpers schwankt zwischen 0·04—0·065 *mm*.

---

[1] Nalepa A., Die Anatomie der Tyroglyphen. II. Abth. Sitzber. d. kais. Akad. d. Wiss. in Wien, Bd. XCII., 1885, S. 158.

[2] Canestrini G., I Tiroglifidi. Padova 1888, p. 23.

Phytoptus avellanae erzeugt Knospendeformationen auf dem Haselstrauch. (Taf. III, Fig. 3.) Durch den Eingriff der Parasiten wird die Knospenachse in ihrem Längenwachsthum gehemmt; die Knospenschuppen und die Blätter erscheinen in grösserer Zahl. Sie sind fleischig verdickt, behaart und mit korallenartigen Emergenzen, die durch Wucherung des Mesophylles entstehen, bedeckt. Diese Knospendeformationen treten schon zeitlich im Frühling auf, ehe noch der Haselstrauch Blätter getrieben hat. Um diese Zeit sind die Knospenblätter schon meistens reichlich mit Eiern belegt. Später vertrocknen die Knospen und fallen ab; die Gallmilben haben diese bereits verlassen und sind jetzt meist in zahlreicher Menge in den neuangelegten Blattknospen anzutreffen. Während des zweiten Triebes, im Juli und August, findet man bereits wieder neue Deformationen, die sich meist durch eine auffallende Grösse und durch die grüne Färbung von der Frühjahrsbildung unterscheiden.

Die deformirten Knospen von *Corylus* waren schon Vallot bekannt.[1] Er fand in ihnen eine grosse Menge fussloser und sechsbeiniger Larven, welche einer hypothetischen Milbe, dem *Acarus pseudogallarum*, angehören sollen. Dujardin[2] scheint seine Untersuchungen über die Gallmilben hauptsächlich an den Gallmilben des Haselstrauches ausgeführt zu haben. Seine Angaben über die Länge (0·15—0·23 *mm*) und Breite (0·035 bis 0·045 *mm*) des Körpers entsprechen ganz wohl der Wirklichkeit, wenn man bedenkt, dass diese Masse sich nicht allein auf die Geschlechtsthiere, sondern auch auf die Larven beziehen.

Amerling hat für die Gallmilbe des Haselstrauches eine neue Gattung und eine neue Species geschaffen und sie *Calycophthora Avellanae* genannt.[3] Amerling scheint Dujardin's Arbeit nicht gekannt zu haben; denn er hätte dann wissen müssen, dass Dujardin gerade die Gallmilben von Corylus und Tilia vor Augen hatte, als er die Gattung Phytoptus schuf. Später wurde von Frauenfeld der Name *Phytoptus Coryli* für

1 Vallot, Sur la cause de fausses galles. Mém. de l'Institut de Paris 1834, p. 153.

2 Dujardin, Ann. des sc. nat. Paris 1851, p. 166.

3 Amerling, Sitzber. d. königl. böhm. Ges. d. Wiss. in Prag 1862, S. 96 u. Ges. Aufs. S. 181.

die Gallmilbe des Haselstrauches geschaffen.[1] Da weder Amerling noch v. Frauenfeld ihre Species begründeten, so mussten diese als wissenschaftlich werthlos fallen gelassen werden, insbesondere desshalb, weil die Untersuchung der Gallen die Thatsache zutage förderte, dass diese nicht selten noch eine zweite Phytopten-Species, den *Phytoptus vermiformis* n. sp. beherbergen.

Phytoptus avellanae und *Ph. pini* stimmen in ihrem Aussehen sehr überein; insbesondere ist die Ähnlichkeit in Bezug auf die Beborstung des Abdomens, der Gestalt der Beine und des Rüssels sehr gross. Doch sind die unterscheidenden Merkmale ziemlich auffällig. *Ph. pini:* 7-strahlige Haftklaue, ungekieltes Sternum, Rückenborsten in der Mitte der Brustschilder nach vorn gerichtet, eine unpaare Borste am Vorderrand; leierförmige Zeichnung; weibliche Geschlechtsöffnung herzförmig klein. *Ph. avellanae*: 4-strahlige Haftklaue, gekieltes Sternum, 2 Paar kurze Rückenborsten, undeutlich gestreiftes Brustschild, weibliche Geschlechtsöffnung gross, beckenförmig.

Phytoptus vermiformis n. sp.

(Taf. III, Fig. 1 und 2.)

Körper wurmförmig, 6–7mal so lang als breit. Thoracalschild gestreckt, seitlich ohne scharfe Grenzen, Vorderrand einen stumpfen Winkel bildend. An der Oberfläche verlaufen vom ovalen Rande zum Hinterrand fünf Leisten; überdies sind noch zwischen diesen und dem Vorderrand mehrere unregelmässige, meist bogenförmige Linien zu sehen, die jedoch die Mitte des Schildes nicht erreichen. Keine Rückenborsten.

Die Epimeren des ersten Beinpaares vereinigen sich in der Mitte zu einer Sternalleiste, deren Ende gegabelt ist. Das zweite Paar der Brustborsten sitzt über der Biegungsstelle der Epimeren des zweiten Beinpaares. Die Beine sind kurz und deutlich gegliedert. Erstes Tarsalglied fast $1^1/_2$mal so lang als das zweite. Haftklaue vierstrahlig. Aussenborsten der beiden Beinpaare gleich lang und steif. Rüssel 0·016 *mm* lang.

---

[1] v. Frauenfeld, Verh. d. k. k. zool.-bot. Ges. in Wien. 1865, S. 263.

Abdomen wurmartig gestreckt, deutlich punktirt. Seitenborsten sehr fein, etwas unterhalb der Geschlechtsöffnung sitzend. Erstes Paar der Bauchborsten lang, geisselförmig; zweites Paar sehr kurz, beiläufig in der Mitte des Abdomens sitzend. Schwanzlappen seicht ausgerandet. Analborsten lang-geisselförmig ohne Nebenborsten. Auf der Rückenseite des Abdomens keine Borsten.

Weiblicher Geschlechtsapparat 0·0165 *mm* breit. Untere Klappe halbkreisförmig, obere fein gestreift. Genitalborsten sehr kurz.

Eier elliptisch, 0·035 *mm* lang.

Länge des Weibchens durchschnittlich 0·17 *mm*, Breite 0·026 *mm*.

Länge des Männchens 0·14 *mm*, Breite 0·028 *mm*.

Diese durch Körpergestalt, Gliederung der Extremitäten, Mangel von Rückenborsten und durch die Zeichnung des Thoracalschildes von *Ph. avellanae* wohl unterschiedene Form fand ich fast immer theils vereinzelt, theils in überwiegender Menge in den von dieser Milbe erzeugten Knospendeformationen von *Corylus Avellana* L. Damit ist zum ersten Male die überaus merkwürdige Erscheinung aufgedeckt, dass eine Galle von zwei Arten derselben Gattung bewohnt wird. In welchen Beziehungen *Ph. vermiformis* zu der Gallbildung steht, ob er ein ständiger oder nur temporärer Einmiether ist, ob er auf einer anderen Pflanze Gallen erzeugt, alle diese und andere Fragen lassen sich heute bei unserer noch unzureichenden Kenntniss von diesen Thieren nicht beantworten.

Phytoptus brevipunctatus n. sp.

(Taf. IV, Fig. 1, 2, 3.)

Der Körper ist walzenförmig, der Cephalothorax verhältnissmässig klein und vom Abdomen nicht scharf abgegrenzt. Der Thoracalschild besitzt eine charakteristische Gestalt. Der Vorderrand ist bogenförmig, der Hinterrand bildet nach hinten einen zwischen den Höckern der Rückenborsten hervortretenden Sinus. Die Zeichnung des Schildes ist meist undeutlich und verschwommen. Gewöhnlich treten nur die drei Leisten, welche in der Mitte des Schildes liegen, schärfer hervor. Die Seitentheile des Schildes sind fein granulirt und von undeutlichen Linien durchzogen. Die Höcker der Borsten liegen knapp am Hinterrande des Schildes, einander sehr genähert. Die Rückenborsten sind steif und lang.

Die Fresswerkzeuge bilden einen schräg nach vorne gerichteten, nicht besonders starken, 0·023 *mm* langen Schnabel, welcher nur an der Basis vom Thoracalschild bedeckt wird.

Die Beine sind schlank und deutlich gegliedert, die beiden Endglieder fast von gleicher Länge. Die Kralle ist fein, schwach gebogen und reicht über die einfach gestaltete Haftklaue nur wenig hinaus. Letztere trägt an der Spindel jederseits zwei fast gleich lange Strahlen.

Die Epimeren des ersten Beinpaares vereinigen sich in der Mediane in eine lange Sternalleiste; die Epimeren des zweiten Paares sind lang und convergiren unter einem sehr spitzen Winkel nach hinten. Unter den Brustborsten fällt das erste Paar wegen der Kürze und Feinheit der Haare, das dritte Paar wegen der Stellung der Borsten am äussersten Rande der hinteren Stützleisten, sowie wegen der Länge derselben auf.

Das Abdomen ist walzenförmig, beim vollreifen Weibchen und Männchen häufig spindelförmig, fein geringelt und meist sehr fein, oft undeutlich punctirt. Die Zahl der Ringel schwankt zwischen circa 75—80, ihre Breite beträgt höchstens 0·0017 *mm*. Der Schwanzlappen ist deutlich entwickelt und seicht ausgerandet. Die Schwanzborsten sind sehr lang, geisselförmig und von sehr kurzen Nebenborsten begleitet. Die Seitenborsten sind fein und stehen in der Höhe der Geschlechtsöffnung. Das erste Abdominalborstenpaar sitzt ungefähr am Ende des ersten Drittels und besteht aus langen feinen Haaren. Die kurzen Borsten des zweiten Paares sitzen beiläufig in der Mitte des Abdomens, die des dritten Paares reichen über den Schwanzlappen hinaus.

Der weibliche Geschlechtsapparat liegt knapp unter den Enden der Epimeren. Seine Breite (0·025 *mm*) kommt fast genau der Entfernung zwischen den Enden der hinteren Stützleisten gleich. Die untere Klappe ist flach herz- bis trichterförmig und läuft in einen medianen spitzen oder etwas abgerundeten Zipfel aus. Die obere Klappe trägt nur wenige (meist vier) stark hervortretende Chitinleisten. Die Genitalborsten sind kurz. Die Eier haben eine runde Form und einen Durchmesser von c. 0·04 *mm.*

Die Länge des Weibchens circa 0·16*mm*, die Breite 0·045*mm*; die Länge des Männchens 0·12 *mm*, die Breite 0·04 *mm.*

Die eben beschriebene Gallmilbe erzeugt auf den Blättern von *Alnus incana* D. C. das *Cephaloneon pustulatum* Bremi, von dem ich auf Taf. III, Fig. 3, eine Abbildung gegeben habe. Dieses Cecidium besteht in kugeligen oder beutelförmigen, anfangs gelblichen, später rothbraunen Auswüchsen von verschiedenem Durchmesser (bis 2 *mm*). Die Oberfläche der sehr dünnwandigen Gallen, sowie die Innenseite derselben ist unbehaart. Dieses *Cecidium* ist in den Donauauen um Linz sehr gewöhnlich.

Ph. brevipunctatus ist nicht mit dem *Phytoptus laevis* n. sp., welcher das *Ceph. pustulatum* auf *Alnus glutinosa* L. erzeugt, identisch. Letzterer besitzt ein breitgeringeltes (circa 45 Ringel), glattes Abdomen, einen fast halbkreisförmigen Cephalothorax ohne Zeichnung und mit zwei sehr kurzen Rückenborsten. Die Haftklaue ist vierstrahlig. Eine Abbildung und ausführlichere Beschreibung dieser Species werde ich in der Fortsetzung zu dieser Arbeit geben.

In den beutelförmigen Gallen von *Alnus glutinosa* L. fand ich — leider bisher nur in einem Exemplar — die einzige mir bisher bekannte Species der Gattung *Acanthonotus* n. g. In dem Cephaloneon von *Alnus incana* DC. traf ich eine dem *Phyllocoptes loricatus* n. g. n. sp. nahe verwandte Art. *Phyll. heteroproctus* n. sp.

Phytoptus macrotrichus n. sp.

(Taf. V, Fig. 4, 5, 6, 7.)

Der Körper ist in seiner vorderen Hälfte walzenförmig und verjüngt sich gegen das Ende allmählig.

Der Cephalothorax hat eine fast dreieckige Gestalt; der Hinterrand ist meist nach hinten ausgebogen. Über der Mundöffnung ist der Vorderrand nur wenig vorgezogen, stumpf oder abgestutzt. Die Oberfläche des Kopfbrustschildes weist jene charakteristische Zeichnung auf, wie sie in Fig. 4 dargestellt ist. Von der Mitte des Hinterrandes läuft nach vorne eine kurze, schwach angedeutete Leiste, welche gegen die Mitte des Schildes hin allmählig verstreicht. Am oralen Ende beginnen zwei stark hervortretende Leisten; sie laufen anfangs knapp nebeneinander nach hinten, entfernen sich dann mehr und mehr und biegen endlich plötzlich nach aussen, um in einem flachen Bogen den Hinterrand zu erreichen. Neben diesen Leisten zieht an der Aussenseite derselben je eine Leiste, welche den Hinterrand des Schildes jedoch nicht mehr erreicht. Fast knapp am Hinterrande stehen auf walzenförmigen Höckern ungemein starke und lange Borsten mit steifen Enden; ihre Spitzen reichen meist bis zur Mitte des Abdomens, manchmal über diese hinaus. Vom Grunde der Borsten ziehen, nach vorne allmählig verlaufend, schwach angedeutete Linien. Im Übrigen bietet die Oberfläche des Schildes keine nennenswerthen Structurverhältnisse dar; die von den beschriebenen Leisten begrenzten Partien sind vollkommen glatt.

Die Fresswerkzeuge bilden einen nach vorne gerichteten, verhältnissmässig langen (0·025 *mm*) und schwach gebogenen Schnabel, welcher weit über den Vorderrand des Cephalothorax hervorragt.

Die Beine sind verhältnissmässig lang und deutlich gegliedert, die beiden Endglieder auffallend dünner als das zweite und dritte Glied. Das letzte Tarsalglied ist bedeutend verlängert und trägt oberseits die schwach gebogene, stumpfe Kralle, welche die Federborste überragt. Diese ist sehr einfach gebaut und besitzt jederseits nur zwei Strahlen. Die Beborstung der Beine ist typisch; auffallend sind die langen Aussenborsten der Endglieder und die langen Borsten der Tibia des ersten Beinpaares. Die Stellung der Borsten auf der Ventralseite des Cephalothorax, sowie die Verbindung der Epimeren weist keine auffallenden Abweichungen auf.

Das Abdomen ist durchwegs fein geringelt (60—70 Ringe) und fein punktirt. Der Schwanzlappen ist stark ausgebildet und trägt die auffallend langen peitschenförmigen Analborsten, welche mit einer stiftartigen Nebenborste in Gruben auf der Rückseite des Lappens stehen. Die Seitenborsten sind kurz und dünn; sie stehen in der Höhe der Geschlechtsöffnung. Die Unterseite des Abdomens trägt drei Bauchborstenpaare, von denen das erste und dritte Paar die längsten Borsten aufweist. Das erste Paar sitzt am Ende des ersten Viertels der Länge des Abdomens, das zweite Paar beiläufig in der Mitte. Die Borsten des ersten Paares reichen mit ihren Enden bis über die Insertionsstellen der Borsten des zweiten Paares hinaus.

Die weibliche Geschlechtsöffnung liegt unmittelbar unter den Epimeren des zweiten Beinpaares. Die obere Klappe ist gewölbt und reicht seitlich über die Enden der Epimeren hinaus; sie zeigt eine deutliche Längsstreifung. Die untere Klappe ist taschenförmig und gekielt; sie tritt stark aus dem Niveau der Ventralfläche hervor. Die Genitalborsten sind kurz. Die Breite des äusseren Geschlechtsapparates beträgt 0·0258 *mm*.

Die Eier sind rund und messen 0·035 *mm*.

Die männliche Geschlechtsöffnung hat eine Breite von 0·18 *mm*.

Die Länge des Weibchens beträgt durchschnittlich 0·16 *mm*, die Breite 0·043 *mm*.

Das Männchen misst 0·14 *mm* in der Länge und 0·038 *mm* in der Breite.

Die beschriebene Gallmilbe erzeugt an den Blättern der Hainbuche Faltungen der Blattspreite längs der Seitennerven nebst Kräuselung derselben (Taf. V. Fig. 6). Die Faltungen sind als stationär gebliebene, vergrösserte Falten der Knospenlage aufzufassen. Bei einer stärkeren Infection rollt sich das Blatt nicht selten längs des Mittelnervs ein (Taf. V. Fig. 7).

In diesen Blattfalten findet sich fast immer in grösserer oder geringerer Menge eine andere Gallmilbe, welche der Gatt. *Phyllocoptes* angehört, nämlich *Ph. carpini* n. g. n. sp. (Vergl. diese Arbeit S. 37.) Amerling hat für jede auf *Carpinus Betulus* L. vorkommende Gallbildung eine besondere Gattung von Gallmilben (*Ptychoptes, Malotricheus, Vulvulifex*) als Erzeuger angenommen; *Ptychoptes Carpini* Am. soll die Faltungen der Buchenblätter erzeugen.[1] v. Frauenfeld nennt die Gallmilbe der Hainbuche *Phytoptus carpini*. Da weder Amerling noch v. Frauenfeld eine Beschreibung der von ihnen geschaffenen Arten und Gattungen geben, so bleibt es unklar, welche von den beiden Formen, ob *Phytoptus macrotrichus* oder *Phyllocoptes carpini* die beiden Autoren vor Augen hatten. Löw gibt an, dass

---

[1] Amerling, Ges. Aufs. S. 173.

die in den Blattfalten von ihm beobachtete Gallmilbe sich durch den Besitz von zwei verhältnissmässig sehr langen Rückenborsten auszeichnet.[1] Es kann daher keinem Zweifel unterliegen, dass Löw die oben beschriebene Gallmilbe vor sich hatte.

Phytoptus Thomasi n. sp.

(Taf. VI, Fig. 1, 2, 3.)

Der Körper ist beim Männchen und bei den Larven walzenförmig; beim Weibchen verjüngt er sich allmählich nach hinten und nimmt dadurch eine spindelförmige Gestalt an.

Der Cephalothorax hat eine fast halbkreisförmige Gestalt. An seiner Oberfläche ziehen in der Mitte drei stark ausgeprägte Leisten vom Vorderrand zum Hinterrande, von denen die beiden Seitenleisten etwas gebogen sind und nach hinten divergieren. Die mediane Leiste ist meist in ihrem unteren Theil gegabelt. Ausser den genannten Leisten liegen rechts und links von denselben bogenförmige Leisten, welche jedoch nicht weit über die Mitte des Schildes hinausreichen, und einige kurze, wenig erhabene Linien. Die Felder zwischen den Leisten sind glatt; die Seitentheile des Schildes hingegen bis etwa zu den Höckern der Schulterborsten sind feingekörnt. Die Höcker der Schulterborsten sitzen nahe am Hinterrande des Schildes, die Borsten selbst sind lang, sehr fein und weich.

Die vorderen Stützleisten des ersten Beinpaares vereinigen sich in der Mitte zu einer kurzen Sternalleiste. Von den Brustborsten ist das dritte Paar durch die sehr langen und feinen Borsten auffällig.

Die Beine sind schlank und deutlich gegliedert. Das Endglied ist fast so lang als das vorhergehende Glied, welches an der Basis durch die stark vortretenden Borstenhöcker stark verbreitet erscheint. Es trägt die federförmige, fünfstrahlige Haftklaue, welche von der dünnen, schwach gebogenen Kralle überragt wird.

---

[1] Löw. F., Beiträge zur Naturgesch. d. Gallmilben (*Phytoptus* Duj). Verhandl. d. zool.-bot. Ges. in Wien. Bd. XV, 1874, S. 8.

Die Fresswerkzeuge bilden einen 0·025 *mm* langen Schnabel, welcher schief nach vorne gerichtet ist.

Das Abdomen ist sehr fein geringelt; man zählt beiläufig bei einem Weibchen 80 Ringel. Auch die Punktirung ist sehr fein; die Punkte stehen nahe an einander. Die Seitenborsten stehen etwas unterhalb der Geschlechtsöffnung. Auffallend sind die sehr langen, dünnen Borsten des ersten Bauchborstenpaares. Der Schwanzlappen ist ziemlich gross und trägt an der Oberseite die langen, geisselförmigen Schwanzborsten und die kurzen, steifen Nebenborsten. Die Rückenfläche des Abdomens trägt keine Borsten.

Der äussere Geschlechtsapparat steht auffallend tief unter den Enden der Stützleisten, so dass noch viele Ringe zwischen ihm und den Stützleisten liegen. Der weibliche Geschlechtsapparat besteht aus einer taschenförmigen unteren Klappe, welche in einen medianen spitzen Zipfel ausläuft (sie ist schwach gekielt) und einer herzförmigen oberen Deckklappe, welche 10–12 Längsstreifen aufweist. Deutlich ist meist zu erkennen, dass die innere Geschlechtsöffnung kein Quer-, sondern ein Längsspalt ist. Die Breite des weiblichen Geschlechtsapparates beträgt durchschnittlich 0,026 *mm*. Länge des Weibchens bis 0,24 *mm*, Breite 0,065 *mm*. Länge des Männchens 0,18 *mm*, Breite 0,05 *mm*.

Die Eier sind rund und haben einen Durchmesser von 0·05 *mm*.

Phytoptus Thomasi besitzt eine grosse Ähnlichkeit mit dem *Phytoptus macrotrichus*, welcher in den Blattfalten von *Carpinus Betulus* L. lebt. Doch unterscheidet sich dieser von dem vorliegenden *Phytoptus* durch die zweistrahlige Haftklaue, durch die langen, steifen Schulterborsten, der Gestalt und Zeichnung des Thoracalschildes, endlich durch die feine Längsstreifung der oberen Klappe des weiblichen Geschlechtsapparates.

Ph. Thomasi erzeugt auf *Thymus Serpyllum* L. weisshaarige Blätter- und Blüthenknöpfchen von 5—8 *mm* Durchmesser. Diese Deformation gehört zu den am häufigsten vorkommenden und auffälligsten Missbildungen. Sie wird bereits von J. Bauhin (Hist. plant. univ. Ebroduni 1651, III. p. 269: „Serpyllum interdum degenerat in capitula tomentacea, candicantia, quae florum loco sunt") und Tournefort (Hist. des plantes, qui naissent aux environs de Paris 1698, p. 144), welcher vermuthet, dass sie durch den Stich gewisser Insecten entstehen.

Dass diese Deformation von Gallmilben hervorgerufen wird, wurde von Winnertz erkannt.[1] Auch Amerling sagt, dass das Milbengeschlecht *Calycophthora* Am. auch auf *Thymus Serpyllum* vorkomme.[2] Löw gibt eine kurze Beschreibung der diese Deformationen bewohnenden Gallmilben.[3]

Die wollhaarigen, festgeschlossenen Blüthenknöpfe werden überdies fast regelmässig von *Phyllocoptes thymi* n. g. n. sp. bewohnt.[4] Nicht selten fand ich auch in denselben eine grosse Anzahl von Anguilluliden.

Phytoptus macrorhynchus n. sp.

(Taf. VII. Fig. 6, Taf. VIII. Fig. 1, 2.)

Körper cylindrisch, vier- bis fünfmal so lang als breit. Thoracalschild halbelliptisch, von einer Medianleiste in zwei Hälften getheilt, welche durch undeutliche, bogenförmige Linien gefeldert erscheinen (Siehe die Fig. 2, Taf. VIII). Die Schulterborsten stehen nahe am Hinterrande auf conischen, grossen Höckern, welche etwa so weit wie die Coxen des ersten Beinpaares voneinander abstehen. Die Borsten sind etwas länger als der Thoracalschild und steif.

Die Beine sind schlank, dünn und deutlich gegliedert. Letztes Tarsalglied bedeutend kleiner als das erste. Haftklaue federförmig, deutlich vierstrahlig; die Strahlen stehen an der Spindel ziemlich weit voneinander entfernt. Die Aussenborsten beider Beinpaare lang und steif, auch in der Länge wenig voneinander verschieden. Tibialborste des zweiten Paares sehr schwach. Sternum gekielt. Die vorderen Stützleisten besitzen am Aussenrand meistens je einen kleinen Fortsatz; die beiden

---

1 Winnertz, Linnaea entom. VIII, S. 169.

2 Amerling, Ges. Aufs., S. 193.

3 Löw. Beiträge zur Naturgesch. der Gallmilben (*Phytoptus* Duj). Verhandl. der zool.-bot. Ges. Bd. XXIV, 1874, Sep. Abd., S. 11.

4 Vergl. diese Arbeit. S. 41.

Stützleisten des zweiten Beinpaares vereinigen sich unter einem spitzen Winkel, über dessen Scheitel sie sich bis zu den Ecken der weiblichen Geschlechtsöffnung fortsetzen.

Rüssel auffallend lang, 0,031*mm*, und schwach gebogen. Das letzte Glied der Maxillartaster trägt an der Rückseite ein ziemlich langes, feines Haar.

Das Abdomen fein geringelt (c. 60 Ringel) und fein punktirt. Die Analborsten sind lang, geisselförmig und besitzen keine Nebenborsten. Die Seitenborsten sind sehr zart und lang, desgleichen die Bauchborsten des ersten Paares. Die Borsten des zweiten Paares sind hingegen sehr kurz.

Der weibliche Geschlechtsapparat liegt unmittelbar unter den Epimeren des zweiten Beinpaares und ist etwa 0,018*mm* breit. Der Rand der unteren Klappe ist in der Mitte herzförmig ausgeschnitten; die obere Klappe ist abgerundet und fein gerieft. Die Genitalborsten sind auffallend lang und dünn (Taf. VIII. Fig. 1). Die männliche Geschlechtsöffnung erscheint als ein halbbogenförmiger Spalt mit wulstigen Chitinrändern; die Unterklappe ist deutlich gekielt (Taf. VII. Fig. 6). Die Eier sind rund.

Länge des Weibchens bis 0,17 *mm*, Breite 0,035 *mm*.

Länge des Männchens bis 0,14 *mm*, Breite 0,034 *mm*.

Vorliegende Milbe erzeugt auf der Oberseite, selten auf der Unterseite der Blätter des *Acer Pseudoplatanus* L. knopf- oder hornartige Blattgallen, das *Ceratoneon vulgare* Bremi. In denselben Gallen fand ich nicht selten einen *Phyllocoptes*, welcher dem *Phyll. thymi* sehr ähnlich ist; ich werde ihn unter dem Namen *Phyllocoptes aceris* n. sp. in der Fortsetzung dieser Arbeit demnächst näher beschreiben. Amerling schreibt die Gallbildungen auf dem Ahornblatte seinen beiden Arten, *Bursifex Pseudoplatani* und *Bursifex Aceris*, zu.

Phytoptus viburni n. sp.

(Taf. VIII. Fig. 3, 4, Taf. VII. Fig. 5).

Körper walzenförmig, etwa viermal so lang als breit. Thoracalschild halbelliptisch. Die Zeichnung desselben weist eine mediane Leiste auf, welche in gerader Richtung vom Vorderrande zum Hinterrande zieht. Zu beiden Seiten derselben ziehen symmetrisch bogenförmig geschwungene Linien, welche sich unter der Medianleiste am Hinterrand vereinigen. Die Seitentheile des Schildes werden von mehreren Bogenlinien, welche nach einem Punkte des Hinterrandes convergieren, durchzogen. Die Rückenborsten sind etwa so lang als der Schild, steif und meist nach vorne gerichtet; ihre Höcker sind einander sehr genähert und walzenförmig.

Der Rüssel ist auffallend lang 0,003*mm*, schwach gebogen.

Die Beine sind verhältnissmässig lang und deutlich gegliedert. Die beiden Tarsalglieder sind von ziemlich gleicher Länge. Haftklaue vierstrahlig, von der Kralle überragt. Aussenborsten beider Beinpaare steif und lang, Innenborste hingegen sehr zart.

In der Anordnung der Epimeren sind Abweichungen zu constatiren, welche ich bisher bei anderen Arten der Gattung *Phytoptus* nicht antraf. Die Epimeren des ersten Beinpaares vereinigen sich nicht zu einer medianen Sternalleiste, sondern treten nahe aneinander heran und ziehen in einem flachen Bogen nach hinten; ihre distalen Enden sind nach auswärts gebogen. Die vordere und hintere Stützleiste des zweiten Beinpaares vereinigen sich wie beim *Ph. macrorhynchus* unter einem sehr spitzen Winkel und reichen bis zu den Ecken der weiblichen Geschlechtsöffnung.

Abdomen fein geringelt und fein punktirt (c. 60 Ringel). Schwanzlappen klein abgestutzt oder abgerundet; Schwanzborsten ohne Nebenborsten. Körperende meist ventralwärts gekrümmt. Seitenborsten sehr lang und fein. Ausnahmsweise finden sich bei dieser Phytoptenspecies nur zwei Paar Ventralborsten: das zweite Paar fehlt. Das erste Paar weist sehr lange und steife Borsten auf; sie sind etwas länger als die Seitenborsten.

Der weibliche Geschlechtsapparat ist 0,018*mm* breit und liegt zwischen den Verlängerungen der Epimeren. Er besteht aus der flachen, beckenförmigen unteren und der gleichfalls flachen, aber fein gerieften oberen Klappe. Die Eier sind rund.

Die Länge des Weibchens beträgt im Durchschnitte 0,14*mm*, die Breite 0,031 *mm*.

Die Länge des Männchens im Durchschnitte 0,12*mm*, die Breite 0.033*mm*.

Die im Voranstehenden besprochene Gallmilbe ist dem *Phytoptus macrorhynchus* n. sp. sehr ähnlich; sie unterscheidet sich indessen von der letzteren durch die Zeichnung des Schildes, die nach vorne gerichteten Rückenborsten, die fast gleichlangen, cylindrischen Tarsalglieder, durch den Mangel einer medianen Sternalleiste und des zweiten Bauchborstenpaares, endlich durch die Gestalt des weiblichen Geschlechtsapparates und die feinere Streifung der oberen Klappe desselben.

Phytoptus viburni erzeugt cephaloneonartige, pilzhutförmige, weissharige, grüne oder röthliche Gallen, welche meist in grosser Menge auf den Blättern von *Viburnum Lantana* L. vorkommen. Die Galle ist mit einem dichten, weissen Erineum ausgekleidet; auch der Galleneingang, welcher an der Unterseite liegt, ist von dichten, steifen Haaren geschlossen. Ich habe schon an einem anderen Orte[1] darauf aufmerksam gemacht, dass die Gallen zonenartig zu beiden Seiten des Mittelnervs angeordnet sein können,[2] und dass diese Anordnung auf die involutive Knospenlage zurückzuführen ist, was schon von Thomas für mehrere andere Phytoptocecidien nachgewiesen wurde. Mit der genannten Gallmilbe fand ich einmal eine flache Phytoptenform mit breitem, reticuliertem Thoracalschild. Der Unterschied zwischen Bauch- und Rückseite war wenig scharf ausgeprägt: Die dorsalen Halbringe waren etwa doppelt so breit als die ventralen. Es scheint dies eine Phyllocoptesart zu sein, welche den Übergang zwischen den Gattungen *Cecidophyes* und *Phyllocoptes* vermittelt.

Phytoptus goniothorax n. sp.

(Taf. VIII. Fig. 5, 6, Taf. IX. Fig. 3.)

Körper walzenförmig, vier- bis fünfmal so lang als breit. Thoracalschild fast fünfeckig, der Seitenrand desselben nicht, wie gewöhnlich, bogenförmig, sondern winkelig gebogen. Die Zeichnung des Schildes ist sehr deutlich und charakteristisch. Vom Vorderrande des Schildes bis zum Hinterrande ziehen stark vorspringende und unregelmässig wellig verlaufende Leisten. Die äussersten gabeln sich, ehe sie den Hinterrand erreichen, und

1 Siehe die Anatomie der Phytopten, S. 158 (S. 44).

2 Taf. VII., Fig 5.

nehmen in die Gabelung die Höcker der Rückenborsten auf. Die Borsten sind kurz und steif; sie sitzen oberhalb des Hinterrandes. Die Seitentheile des Schildes sind von unregelmässigen Leisten runzelig und höckerig.

Der Rüssel ist auffallend kurz und kaum gebogen. Seine Länge beträgt 0,018 *mm*.

Die Beine sind sehr kräftig und deutlich gegliedert. Letztes Tarsalglied etwas kürzer als das erste. Haftklaue vierstrahlig, Aussenborsten steif. Die von den Epimeren des ersten Beinpaares gebildete Sternalleiste gabelt sich in zwei Äste, welche sich mit den Epimeren des zweiten Beinpaares verbinden (Taf. VIII. Fig. 5).

Das Abdomen ist meist sehr breit geringelt, und man zählt von der Geschlechtsöffnung bis zum Schwanzlappen kaum mehr als 40 Ringel; doch begegnet man nicht selten Individuen mit schmäleren und zahlreicheren Ringeln. Die Ringel tragen eine Reihe ziemlich grosser und weit voneinander abstehender Höcker. Die zarten Seitenborsten sind lang und sitzen unterhalb der Geschlechtsöffnung. Die Bauchborsten des ersten Paares sind sehr lang und steif, die des zweiten Paares kurz. Der Anallappen ist klein und abgerundet. Die Schwanzborsten sind lang, geisselförmig. Nebenborsten keine.

Der weibliche Geschlechtsapparat liegt unmittelbar unter den Epimeren des zweiten Beinpaares. Breite desselben 0·025 *mm*. Der Rand der unteren Klappe in einen medianen Zipfel auslaufend; obere Klappe oft stark gewölbt. Genitalborsten kurz.

Länge des Weibchens bis 0·17 *mm*, Breite 0·035 *mm*.

Eier rund, 0·034 *mm* im Durchmesser.

Vorliegende Gallmilbe erzeugt die schon Vallot (Mém. de l'acad. de Dijon 1820, pag. 47) als *Revoltaria Oxyacanthae* bekannten Randrollungen der Blätter von *Crataegus Oxyacantha* L. Der Seitenrand der Blattzipfel ist oft in sehr regelmässiger Weise nach unten eingerollt (Taf. IX, Fig. 3); die Innenfläche ist mit einem Erineum überzogen. Ausser den Randrollungen findet man auf den Weissdornblättern nicht selten Erineumrasen, *Erineum Oxycanthae* Vallot), welche nach Amerling von dem *Erineus Oxycanthae* erzeugt werden.

Gen. Cecidophyes n. g.

Cephalothorax gross und breit; Abdomen sich nach hinten verjüngend und gleichartig geringelt. Körper hinter dem Cephalothorax am breitesten. Sternum und Bauchebene bilden einen vorspringenden Winkel. Vorderrand des Schildes manchmal über die Mundöffnung vorspringend.

Die Gattung *Cecidophyes* unterscheidet sich von der Gattung *Phytoptus* wesentlich durch ihre Körpergestalt. Dieser Unterschied ist weniger in der Rückenansicht als in der Seitenansicht in die Augen springend. Man vergleiche z. B. die beiden Typen *Phytoptus avellanae* und *Cecidophyes galii* in der Seitenlage. Beim *Phytoptus* bilden Sternal- und Schildebene einen Winkel, dessen Scheitel nahe über der Ventralebene liegt; beim *Cecidophyes* hingegen liegt der Scheitel dieses Winkels fast genau in der Körperachse. Bei der ersten Gattung hat daher der seitliche Körperumriss die Gestalt eines langgezogenen Trapezes, bei der zweiten Gattung hingegen die eines Deltoides.

Cecidophyes galii n. sp.

(Taf. III, Fig. 5; Taf. IV, Fig. 4, 5, 6).

Der Körper ist spindelförmig, hinter dem Thoracalschild am breitesten. Der Cephalothorax ist mächtig entwickelt, der Thoracalschild fast halbkreisförmig, mit wenig vorgezogenem Vorderrand. Die Oberfläche des Schildes bietet eine sehr charakteristische Zeichnung von erhabenen Chitinleisten und Höckern (Taf. IV., Fig. 4). Immer finden sich fünf, nicht selten vielfach gebrochene Leisten, welche vom Hinterrande des Schildes gegen die Spitze desselben verlaufen. Die Flächen zwischen den Leisten sind glatt und zeigen keine deutlichen Sculpturen. Die Seitenflächen des Schildes tragen Zeichnungen, welche einer bestimmten Linienführung entbehren, ohne jedoch dadurch ihren Charakter einzubüssen. Meist gewahrt man ein mehr oder minder deutlich ausgeprägtes, unregelmässiges Netz von erhabenen Leisten, dessen Maschen Höcker von verschiedener Grösse und Gestalt ausfüllen. Rückenborsten fehlen.

Die Fresswerkzeuge sind kräftig entwickelt und zum Theil vom Thoracalschild bedeckt. Der Schnabel ist an der Basis stark verbreitet und fast senkrecht zur Körperachse gestellt.

Die Beine sind lang, kräftig und deutlich gegliedert; insbesonders sind die beiden Endglieder, welche fast gleiche Länge besitzen, sehr gestreckt und fast um die Hälfte schwächer als die vorhergehenden Glieder. Auffallend ist die lange, steife Borste auf der Dorsalseite der Tibia (III. Gl.) des ersten Beinpaares, sowie die starke Entwicklung der Borste an der Unterseite des Femur.

Die Kralle ist fast so lang als die federförmige Haftklaue und deutlich gekrümmt. Die Haftklaue lässt fünf deutliche Strahlen erkennen. Die Aussenborste ist lang und steif.

Die Epimeren sind im Allgemeinen sehr kurz. Die Epimeren der ersten Beinpaare vereinigen sich zwar in der Mediane, bilden jedoch keine Sternalleiste. Die Epimeren des zweiten Paares sind auffallend kurz, lassen daher eine breite Sternalfläche frei, auf welche sich die Ringelung des Abdomens erstreckt.

Das Abdomen ist spindeförmig und endigt in einen wenig entwickelten Anallappen. Die Ringelung und Punktirung ist deutlich; die Ringel, beiläufig 60—70, sind mittelbreit. Die Schwanzborsten sind mittellang, geisselförmig und besitzen keine Nebenborsten. Die Rückseite des Abdomens trägt keine Borsten. Die Seitenborsten sind kurz, dünn und stehen an den Ecken des Thoracalschildes in gleicher Höhe mit der Geschlechtsöffnung. Unter den Abdominalborsten sind die Borsten des ersten Paares, welche beiläufig am Ende des ersten Drittels des Abdomens sitzen, sehr lang und geisselartig, die Borsten des zweiten Paares sind hingegen auffallend kurz, die des dritten Paares endlich wieder lang und dünn; sie reichen meist über den Anallappen hinaus.

Der äussere Geschlechtsapparat des Weibchens ist auffallend breit und liegt zum Theil schon zwischen den Epimeren des zweiten Beinpaares. Die untere, taschenförmige Falte ist schwach gekielt und seicht ausgerandelt; sie wird von der Klappe, welche eine sehr feine parallele Längsstreifung zeigt, fast vollständig bedeckt.

Die abgelegten Eier sind rund und haben einen Durchmesser von ca. 0·043 *mm.*

Länge des Weibchens 0·146—0·215 *mm.*

Breite 0·048—0·068 *mm.*

Länge des Männchens 0·137—0·182 *mm.*

Breite 0·045—0·057 *mm.*

Breite des ♀ Geschlechtsapparates ca. 0·026 *mm.*

Cecidophyes galii wurde von mir in den Blattrollungen von *Galium Mollugo* L. und *Galium Aparine* L. (Kirchberg a. Wechsel, Linz a. D.) aufgefunden. Die Blätter der obersten Quirle der Sprosse sind meist nach aufwärts gerollt. Die Rollung erstreckt sich entweder nur auf den Rand des Blattes oder auf eine oder beide Hälften des Blattes zugleich, oder es findet eine faltenartige Zusammenlegung und Verkrümmung der Blattfläche statt (Taf. IV., Fig. 6.) Eine genaue Beschreibung dieser Cecidien findet sich bei Thomas.[1] Nicht selten ist mit der Blattrollung und Faltung auch eine Vergrünung der Blüthen verbunden. Thomas, Löw und v. Schlechtendal beschreiben gleiche Deformationen auch bei anderen Galiumspecies. (*G. parisiense* L., *G. pusillum* L., *G. rotundifolium* L., *G. rubrum* L., *G. saxatile* L., *G. silvaticum* L., *G. supinum* L., *G. tricorne* W., *G. uliginosum* L., *G. verum* L.)

Amerling beschreibt die Blattrollungen von *Galium silvaticum* L., welche von Milben verursacht sind. In einem späteren Aufsatz (Über die Naturökonomie der Milben[2]) zählt er die von ihm aufgefundenen Milben auf und führt unter den Milben, welche Faltungen und Rollungen der Blätter erzeugen, eine Milbe, *Volvella Galii* an. In neuerer Zeit hat Herr Dr. Karpelles eine Beschreibung und Abbildung angeblich der in den Blattrollungen des Labkrautes lebenden Milben zu geben versucht; allein weder die Beschreibung, weniger aber noch die Abbildung gestatten die Annahme, dass Herr Karpelles die hier geschilderte Milbe vor sich gehabt habe.

---

1 Thomas, Über *Phytoptus* Duj etc. Zeitschr. f. ges. Naturw. Bd. 33, 1869, S. 344, 22 u. a. o.

2 Amerling, Ges. Aufs., S. 196.

Cecidophyes tetanothrix n. sp.

(Taf. VII, Fig. 1, 2, 3, 4.)

τετανόθριξ, mit langen, steifen Haaren versehen.

Der Körper der hier zu beschreibenden Milbe ist spindelförmig und erreicht am Hinterrande des Cephalothorax seine grösste Breite.

Der Thoracalschild ist fast dreieckig und über den Rüssel etwas vorgezogen; der Rand ist stark abgeflacht. Die Oberfläche weist eine meist undeutliche, netzartige Zeichnung auf. Immer ist ein medianes, langgestrecktes Feld, welches jederseits von einem gleichlangen Seitenfeld begleitet wird, zu erkennen. Um diese drei Mittelfelder ordnen sich unregelmässige, theils von vorspringenden Leisten, theils von Höckerreihen gebildete Maschen an.

Die Rückenborsten sitzen nahe am Hinterrande des Schildes auf langen, walzenförmigen Höckern; sie sind auffallend lang, stark und brüchig. Sie reichen meist über die Körpermitte hinaus.

Die Fresswerkzeuge bilden einen langen, dicken Rüssel, welcher sehr steil zur Körperachse gestellt ist.

Die Epimeren ragen stark über das Niveau der Brustfläche hervor. Die Epimeren des ersten Beinpaares vereinigen sich in eine lange Sternalleiste, welche sich am hinteren Ende gabelt. Das erste Brustborstenpaar ist sehr kurz und sitzt fast genau über dem zweiten Paar.

Die Beine sind lang und deutlich gegliedert. Die zwei letzten Glieder sind bedeutend schwächer als die vorhergehenden. Das letzte Tarsalglied ist um vieles kürzer als das vorhergehende und trägt eine vierstrahlige Haftklaue, welche fast einen viereckigen Umriss hat und eine schwach gebogene Kralle.

Das Abdomen endigt in einen sehr breiten Anallappen, welcher sehr lange, meist nach auswärts gebogene Borsten trägt. Die Nebenborsten sind auffallend klein und erreichen nicht den Hinterrand der Schwanzlappen. Die Ringelung ist sehr deutlich. Die Ringe sind insbesondere auf der Rückseite breit; man zählt deren etwa 50—60. Die Punktirung ist nur an der Ventralfläche deutlich; auf der Rückenfläche fehlt sie entweder ganz, oder die einzelnen Punkte sind sehr klein und stehen weit auseinander am Hinterrande des Ringes. Auffallend sind die langen, feinen Borsten an der Ventralfläche des Abdomens. Das erste und zweite Paar sind einander genähert und stehen von der Mitte ziemlich gleichweit ab.

Die weibliche Geschlechtsöffnung liegt unmittelbar unter den Epimeren des zweiten Beinpaares und reicht seitlich etwas über die Enden der hinteren Stützleisten hinaus. Die Gestalt des äusseren Geschlechtsapparates ist beckenförmig, nach unten verschmälert. Die untere Klappe ist seicht herzförmig ausgerandet; die obere Klappe weist etwa zehn deutliche Längsleisten auf und deckt die untere Klappe fast vollständig. Die Genitalborsten sind sehr lang und fein.

Die männliche Geschlechtsöffnung ist ein breiter, flachbogenförmiger Spalt. Die Stützplatte ist deutlich gekielt.

Die Eier sind rund und haben einen Durchmesser von 0·05*mm*.

Die Länge des Weibchens beträgt 0·145—0·164*mm*, die Breite 0·035—0·05*mm*.

Die Länge des Männchens: 0·12—0·14*mm*.

Vorliegende Gallmilbe fand ich in grosser Menge in den Blattgallen von *Salix fragilis* L. (Wr. Neustadt, Hassbach am Wechsel, an den Ufern der Traun bei Gmunden). Die Gallen finden sich in grosser Anzahl auf der Blattoberfläche zerstreut (Taf. VII, Fig. 4). Sie sind von verschiedener Grösse (oft 3*mm* im Durchmesser), anfangs grün, später dunkelroth und kahl. Der Galleneingang befindet sich auf der Unterseite des Blattes und ist mit steifen Haaren bewachsen, während die Innenseite der Gallen haarlos und mit Wärzchen bedeckt ist.

Amerling fand auf nicht näher bezeichneten Weidenarten Gallen, deren Urheber er *Bursifex Salicis* nannte. Winnertz hält die in den Gallen von *Salix aurita, cinerea* und *viminalis* L. und die in den Linden-Nagelgallen vorkommenden Gallmilben für dieselbe Art oder doch für dieselbe Gattung.[1] Thomas schliesst sich dieser Ansicht an.[2]

---

[1] Winnertz, Linnaea entomologica, VIII. pag. 169.

[2] Thomas, Über *Phytoptus* Duj. etc., pag. 333.

Cecidophyes Schmardae n. sp.

(Taf. IX. Fig. 1, 2).

Der Körper ist hinter dem Cephalothorax am breitesten, verjüngt sich dann allmähich nach hinten. Der Thoracalschild besitzt eine fast dreieckige Form. Das vordere Ende ist abgerundet und nur unbedeutend über der Mundöffnung vorgezogen. Auf der Oberfläche des Schildes laufen vom Vorder- zum Hinterrande drei mediane Leisten; rechts und links von denselben ziehen vom Vorderrande her je zwei wellig verlaufende Leisten, die jedoch den Hinterrand nicht erreichen, sondern vor demselben sich entweder hakenförmig nach einwärts krümmen oder sich gabeln. Die Seitenfelder des Schildes, sowie die Felder zwischen den Leisten nahe am Hinterrande erscheinen von zahlreichen kurzen, leistenförmigen Erhöhungen fein gestrichelt. Die Rückenborsten sitzen auf stumpfen Höckern nahe am Hinterrande; sie sind länger als der Schild und steif.

Die Beine sind verhältnismässig lang und sehr deutlich gegliedert. Die beiden letzten Tarsalglieder sind bedeutend dünner als der Femur und die Tibia und fast von gleicher Länge. Die Haftklaue ist gross, federförmig und 5strahlig, wird von der schwach gebogenen Kralle überragt. Die Spitze der Kralle ist schwach knopfförmig verdickt. Die Aussenborsten beider Beinpaare sind fast von gleicher Länge und steif; die Innenborsten sehr kurz. Sternum gekielt; die Sternalleiste erreicht nicht die Biegungsstelle der Epimeren des zweiten Beinpaares.

Der Rüssel ist im Verhältnis zur Grösse des Thieres kurz (0·023*mm*) und gerade.

Das Abdomen verjüngt sich nach hinten allmählich und endigt einen ca. 0·015*mm* breiten, vom Körperende scharf abgesetzen Anallappen. Die geisselförmigen Analborsten sind von steifen Nebenborsten begleitet, welche kürzer als der Anallappen sind. Die Ringel sind sehr schmal und fein, jedoch deutlich punktirt. Man zählt etwa 80 Ringel.

Die Seitenborsten stehen in der Höhe der Geschlechtsöffnung und sind wenig kürzer als das erste Bauchborstenpaar. Drei Bauchborstenpaare; die Borsten des zweiten Paares sind die kürzesten und sitzen beiläufig in der Mitte des Abdomens.

Der weibliche Geschlechtsapparat liegt etwas unterhalb der Stützleisten des zweiten Beinpaares und ist ca. 0·035*mm* breit. Die untere Klappe ist beckenförmig und tritt aus der Bauchfläche stark hervor. Der Rand derselben läuft in einen medianen Zipfel aus. Die obere Klappe ist abgerundet und grob gestreift. Die Genitalborsten sind kürzer als die Breite des Geschlechtsapparates und steif. Eier rund, mit einem Durchmesser von 0·06*mm*.

Die vorliegende Cecidophyesart gehört zu den grössten bis jetzt bekannten Formen; das Weibchen misst ca. 0·26*mm* und ist 0·07*mm* breit.

Diese Milbe verursacht Vergrünung der Blüten von *Campanula rapunculoides* L. An Stelle der Blüten erscheinen zahlreiche kurze Zweige, welche mit kleinen, schuppenförmigen, grünen Blättchen dicht besetzt sind. Diese Blättchen sind kaum merkbar dichter behaart als die übrigen Pflanzentheile. Zwischen denselben lebt in grosser Zahl die beschriebene Milbe. Ich fand das hier erwähnte Phytoptocecidium in grosser Menge an sonnigen Berglehnen in der Nähe von St. Magdalena bei Linz a. D.

Gen. Phyllocoptes n. g.

Körper meist ventralwärts abgeflacht. Kopfbrustschild dachartig über dem Rüssel vorgezogen und diesen bedeckend. Bauchseite des Abdomens fein gefurcht, Rückenseite mit schienenartigen Halbringen oder Schildern bedeckt.

Das Genus *Phyllocoptes* unterscheidet sich von den vorhergehenden Genera (*Phytoptus* Duj und *Cecidophyes* n. g.) durch die Differenzirung zwischen Ventral- und Dorsalseite, mit welcher eine Abflachung der Bauchseite parallel läuft.

Phyllocoptes carpini n. sp.

(Taf. V, Fig. 1, 2, 3).

Der Körper ist ventralwärts abgeflacht und am Ende des Cephalothorax am breitesten. Das Abdomen verschmälert sich gegen das anale Ende stetig und ist beiläufig dreimal so lang, als der Cephalothorax.

Der Cephalothorax ist fast so lang als breit, mit halbkreisförmigem Vorder- und geradem oder wenig nach hinten ausgebuchtetem Hinterrande. Über den Fresswerkzeugen ist der Kopfbrustschild dachförmig vorgezogen, so dass der Rüssel in der Dorsalansicht gedeckt erscheint. Da zugleich die Seitenränder dieses Vorsprunges nach innen umgebogen sind, so wird gleichsam ein Camerostom gebildet, welches die Fresswerkzeuge umschliesst (Vgl. Taf. V, Fig. 2).

Der mediane Theil des Schildes ist flach; der Übergang desselben zu den Seitentheilen wird durch eine nach vorne allmählig verlaufende Kante markirt, welche unweit vom Hinterrande des Schildes auf deutlich entwickelten Höckern die auffallend kurzen Schulterborsten tragen. Die nach einwärts gebogenen Seitentheile des Schildes haben die Gestalt eines Dreieckes und schliessen die Thoracalhöhle seitlich ab; ihr hinteres Ende trägt 3—4 parallele Punktreihen.

Die Fresswerkzeuge sind kräftig entwickelt. Der Schnabel ist lang und senkrecht zur Körperachse gestellt. Ausser dem zweiten Tasterglied tragen noch die Basalstücke des ersten Gliedes kurze Borsten.

Die Beine sind undeutlich gegliedert, kurz und plump. Der Tarsus trägt auffallend lange, steife Aussenborsten. Die Kralle ist schwach gebogen und an der Spitze knopfartig verdickt. Die Federborste zeigt vier deutliche Seitenstrahlen und ist federförmig. Die Tibia (III. Glied) des ersten Beinpaares trägt eine lange, starke Borste, während diese am zweiten Beinpaar vermisst wird. Die Epimeren des ersten Beinpaares vereinigen sich in der Mediane zu einem langen, stark aus der Brustebene hervortretenden Kiel (Sternum), dessen Spitze zwischen den Enden der Epimeren des zweiten Beinpaares liegt. Diese ziehen anfangs gegen die Mitte, biegen aber nahe am Sternum um und wenden sich nach aussen. An der Biegungsstelle sitzt das zweite Paar Brustborsten. Fast noch zwischen den Epimeren liegt der weibliche Geschlechtsapparat. Die untere Klappe desselben ist an der Basis abgerundet und besitzt einen medianen, gekielten Zipfel; die Klappe deckt die untere nicht vollkommen und ist glatt. Die Eier sind rund.

Das Abdomen weist eine deutliche Differenzirung der Dorsal- und Ventralseite auf, indem die Rückenfläche von 17 etwa 0·007*mm* breiten Halbringen, welche als Dupplicaturen des Integumentes aufzufassen sind, bedeckt ist, während die Bauchseite fein gefurcht erscheint.

Die hinteren Ecken der 15 ersten Halbringe sind abgerundet und decken ungefähr vier Bauchfurchen; die zwei letzten Halbringe gehen direct in die Furchen der Bauchseite über und bilden mit diesen vollständige Ringe. Der Schwanzlappen ist wenig entwickelt, schmal und seicht ausgerandet. Zwischen ihm und dem letzten Körperring stehen die in geisselartige Enden auslaufenden Schwanzborsten. Nebenborsten fehlen.

Die Unterseite des Abdomens trägt einschliesslich der Genitalborsten fünf Borstenpaare. Das erste Paar — die Seitenborsten — ist kurz und sitzt zwischen dem ersten und zweiten Dorsalhalbring in der Höhe der Geschlechtsöffnung fast an der Grenzlinie zwischen Rücken- und Bauchfläche. Die übrigen Borstenpaare sind ventralständig, Bauchborsten. Das erste Paar derselben sitzt ungefähr zwischen dem vierten und fünften Dorsalhalbring am Ende des ersten Viertels des Abdomens; die Borsten sind ziemlich lang und reichen mit ihren Enden bis zum zweiten Borstenpaar, das fast genau in der Hälfte des Abdomens liegt. Die Borsten dieses Paares sind kürzer und liegen einander näher als die des ersten Paares.

Die Borsten des dritten Paares endlich sind wieder länger und reichen mit ihren Enden über den Schwanzlappen hinaus; sie sitzen beiläufig zwischen der fünften und sechsten Bauchfurche. Im Allgemeinen laufen die erwähnten Borsten in feine Enden aus und sitzen auf deutlich ausgebildeten Höckern.

Die Larven. Die die Eihülle verlassende Larve zeigt im Allgemeinen die Körpergestalt des ausgewachsenen Thieres, doch ist, obwohl der Körper sehr flach ist, ein Unterschied in der Körperbedeckung der Rücken- und Bauchseite noch nicht erweisbar: Das Abdomen ist fein geringelt, schwach punktirt oder glatt.

Im letzten Larvenstadium ist insofern ein Unterschied in der Ringelung des Abdomens zu erkennen, als die auf die Dorsalseite entfallenden Halbringe etwa doppelt so breit als die ventralen sind. Überdies sitzen am Hinterrande der Dorsalringe unregelmässige, starke Höcker, welche den Hinterrand der Ringe ausgezackt erscheinen lassen.

Diese Gallmilbe wurde in den Blattfalten, welche wahrscheinlich *Phytoptus macrotrichus* n. sp., längs den Seitennerven der Blätter von *Carpinus Betulus* L. erzeugt, aufgefunden; sie lebt dort in grösserer Menge in Gemeinschaft mit der erwähnten Phytoptenspecies. Anfangs glaubte ich, es hier mit einer zweiten Larvenform, die etwa der hypopialen Form der Tyroglyphen gleichzusetzen wäre, zu thun zu haben. Allein bald konnte ich geschlechtsreife Thiere und auch die Larven nachweisen, welche von jenen von *Phytoptus macrotrichus* völlig verschieden sind. Es war dies der erste Fall, wo ich in einer und derselben Galle zwei verschiedene Phytoptengattungen antraf.

Über die Beziehungen, welche zwischen den beiden Milbenformen bestehen, lassen sich heute nur Vermuthungen aussprechen. Entweder ist *Phyllocoptes* als die mit einem widerstandfähigeren Exoskelet ausgerüstete Gattung eine vagabunde Form, welche die Gallen des *Phytoptus macrotrichus* als Brutstätte und Zufluchtsort benützt, oder er erzeugt in solchen Fällen, wo er keine Blattfalten antrifft, auch Gallen, etwa Nervenwinkelgallen. Da ich bisher diese Gallen noch nicht untersuchen konnte, so ist es mir auch heute noch unmöglich, die Frage zu entscheiden.

Amerling findet in den Blattfalten tausende von Milbenlarven „deren Imago aber bisher nicht aufgefunden werden konnte und daher nur einen provisorischen Namen (*Ptychoptes Carpini*) erhalten musste.“

Die Nervenwinkelgallen sollen von *Malotricheus* Am. und die Blattgallen von *Vulvulifex rhodizans* Am. erzeugt werden.[1] Nach Löw sind jedoch beide Gallbildungen identisch und nur Formen des *Erineum pulchellum* Schlecht.[2] v. Frauenfeld erkannte die hier besprochenen Milben als Phytopten und nannte sie *Phytoptus carpini.*

---

1 Amerling, Bedeutsamkeit der Milben in der Land-, Garten- und Forstwirtschaft. Centralblatt für die ges. Landescultur etc. v. Borrosch, Prag 1862. Ges. Aufs. S. 173.

2 Löw Fr., Über neue und schon bekannte Phytoptocecidien. Verh. d. zoolog.-bot. Ges. in Wien 1885, S. 461.

Da eine Diagnose dieser Species fehlt, so ist es natürlich heute nicht möglich zu entscheiden, welche der beiden in den Blattfalten von *Carpinus Betulus* L. vorkommenden Gallmilben er vor sich hatte.[1] Vergl. *Phytoptus macrotrichus*.

Phyllocoptes thymi n. sp.

(Taf. VI. Fig. 4, 5, 6.)

Körper nach hinten mässig verschmälert, Bauchseite abgeflacht, Rücken wenig gewölbt. Cephalothorax fast viereckig, mit stark abgerundeten Vorderecken. Vorderrand dachförmig, über der Mundöffnung vorgezogen; Hinterrand zwischen den Schulterborsten meist nach hinten ausgebogen. Oberfläche des Thoracalschildes glatt; Seitentheile nach vorne stark abgeflacht. Die Schulterborsten sind kurz und steif und sitzen auf grossen Höckern, die über den Schildrand vorspringen.

Das Abdomen endigt in einen mässig grossen Schwanzlappen, welcher in seitlichen Gruben die sehr langen und feinen Schwanzborsten sammt den kurzen, zarten Nebenborsten trägt. Die Dorsalseite des Abdomens ist von 20 etwa 0·004*mm* breiten Halbringen bedeckt, deren Ränder in die Ringelung der Bauchfläche übergehen. Diese ist meist fein gestreift und fast nie punktirt.

Das Ende des Abdomens ist vollständig geringelt, so dass vor dem Schwanzlappen etwa noch fünf vollkommene Ringe eingeschoben sind, welche das Einziehen des Schwanzlappens ermöglichen. Die Seitenborsten sitzen etwas unter der Geschlechtsöffnung, beiläufig in der Höhe des vierten Rückenhalbringes; sie sind lang und, wie die Bauchborsten, sehr zart. Von den Bauchborsten zeichnet sich das erste Paar durch die Länge seiner Borsten, welche über die Insertionsstellen des zweiten Paares hinausreichen, aus.

Der Rüssel ist 0·025*mm* lang und senkrecht zur Körperachse gestellt; er wird von dem Thoracalschild fast vollkommen bedeckt.

---

[1] v. Frauenfeld. Einige neue Pflanzenmilben. Verh. d. zoolog.-bot. Ges. in Wien 1865, Bd. XV, S. 496.

Die Beine sind deutlich gegliedert; die beiden Endglieder sind fast von gleicher Länge und bedeutend schmäler als die vorhergehenden. Die Haftklaue ist sehrzart und wahrscheinlich dreistrahlig. Auffällig ist die lange Borste an der Rückseite der Tibia des ersten Beinpaares. Sternum gekielt. Das zweite Paar der Brustborsten sitzt an der Biegungsstelle der Epimeren des zweiten Beinpaares; das dritte Paar besitzt auffallend lange Borsten.

Der weibliche Geschlechtsapparat ist ungefähr 0·02*mm* breit und liegt ziemlich weit unter den Epimeren des zweiten Beinpaares. Die untere Klappe ist taschenförmig, ihr Rand gerade oder wenig ausgerandet. Die obere Klappe ist spärlich längsgestreift. Eier rund.

Länge des Weibchens bis 0·12*mm*, Breite 0·05*mm*.

Vorliegende Species fand ich fast immer in den von *Phytoptus Thomasi* n. sp. erzeugten haarigen Blattköpfchen von *Thymus serpyllum* L.

Phyllocoptes loricatus n. sp.

(Taf. III, Fig. 4.)

Der Körper ist hinter dem Cephalothorax am breitesten; die Dorsalseite ist stark gewölbt, die Ventralseite ziemlich flach. Der Thoracalschild ist halbkugelig und über dem Rüssel kahnförmig vorgezogen; seine Oberfläche ist glatt. Zwei tiefe, breite Furchen, welche an der Innenseite der Borstenhöcker nach vorne verlaufen, sondern den Schild in eine mediane, stark gewölbte Partie und in zwei flachgewölbte Seitentheile. Die Borstenhöcker sind zitzenförmig und sitzen am Hinterrande des Schildes. Die Rückenborsten sind kürzer als der Schild, derb und steif.

Die Beine zeigen eine deutliche Gliederung, da die Tarsalglieder bedeutend schwächer sind, als Fermur und Tibia. Das letzte Tarsalglied ist kürzer als das erste; es trägt sehr feine lange Aussenborsten und kurze Innenborsten. Die Haftklaue ist vierstrahlig (fünfstrahlig?), die Kralle lang und schwach gebogen. Tibialborsten des ersten Beinpaares sind um vieles länger als die des zweiten Paares.

Rüssel lang, schwach gebogen und senkrecht zur Körperachse gestellt,

Die Rückenfläche des Abdomens ist von zehn beiten, halbringförmigen Schildern bedeckt, die deutlich als Hautduplicaturen zu erkennen sind.

Die Schilder nehmen gegen das Körperende zu an Grösse ab; die letzten zwei Schilder sind bereits vollständige Ringe mit verbreitertem dorsalen Abschnitt. Zwischen diesen und dem Schwanzlappen sind noch drei oder vier Ringe eingeschoben. Der Schwanzlappen ist gross und trägt kurze, geisselförmige Schwanzborsten ohne Nebenborsten.

Die Bauchseite des Abdomens ist sehr fein gefurcht und fein punktirt. Von den Borsten an der Bauchseite sind die des ersten Paares am längsten.

Die Eier sind rund.

Der Körper misst circa 0·021 *mm* in der Länge.

Diese sonderbare Milbenform traf ich auf den Knospendeformationen von *Corylus Avellana* L.; ich halte sie wegen ihres mächtig bepanzerten Körpers für eine vagabunde Form. Bis jetzt habe ich nur ein Exemplar beobachtet, weshalb die Lücken in der Beschreibung entschuldigt werden mögen.

Eine mit *Phyllocoptes loricatus* nahe verwandte Form, *Phyllocoptes heteroproctus* n. sp. fand ich in den Gallen von *Alnus incana* DC. Dieser Phyllocoptes, welchen ich in meiner nächsten Arbeit näher beschreiben werde, besitzt 15 Rückenschilder. Das Ende ist gleichartig geringelt, so dass es sich nach Art eines Postabdomens von dem übrigen Abdomen scharf absetzt.

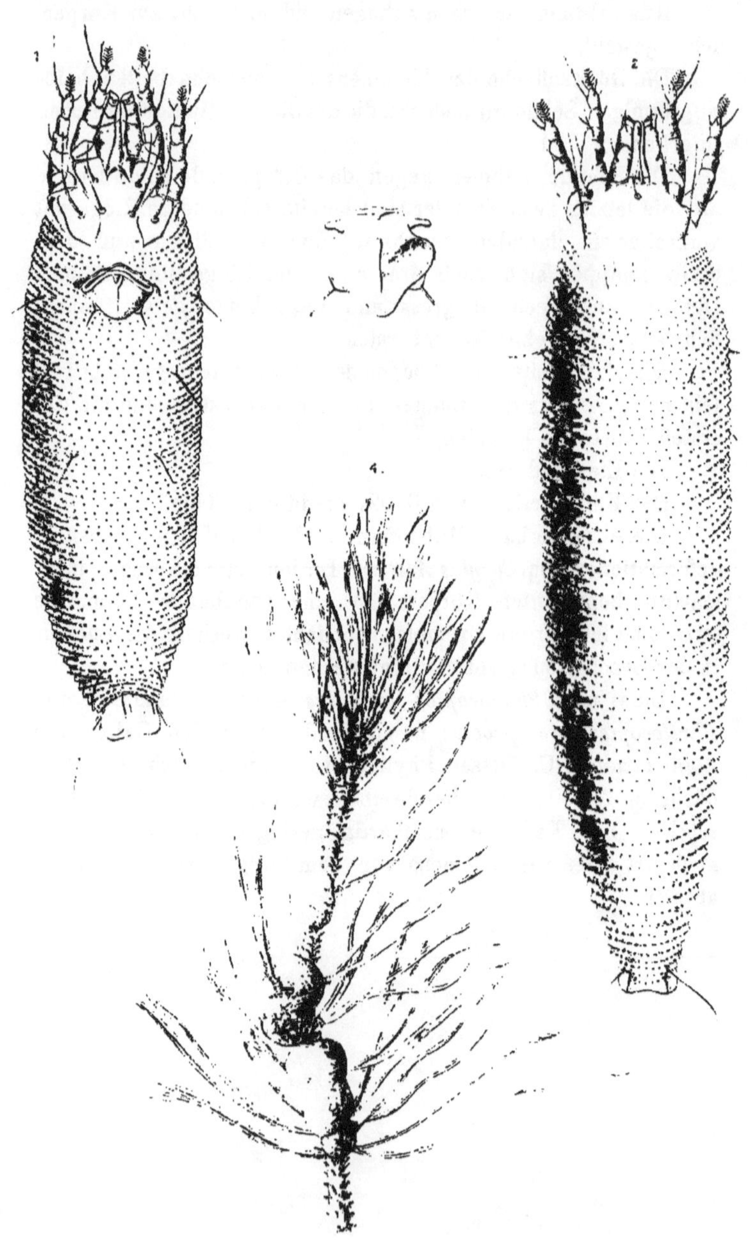

Aut. del. Ph. Lith. Anstalt v. J. Barth. Fünfhaus Wien.

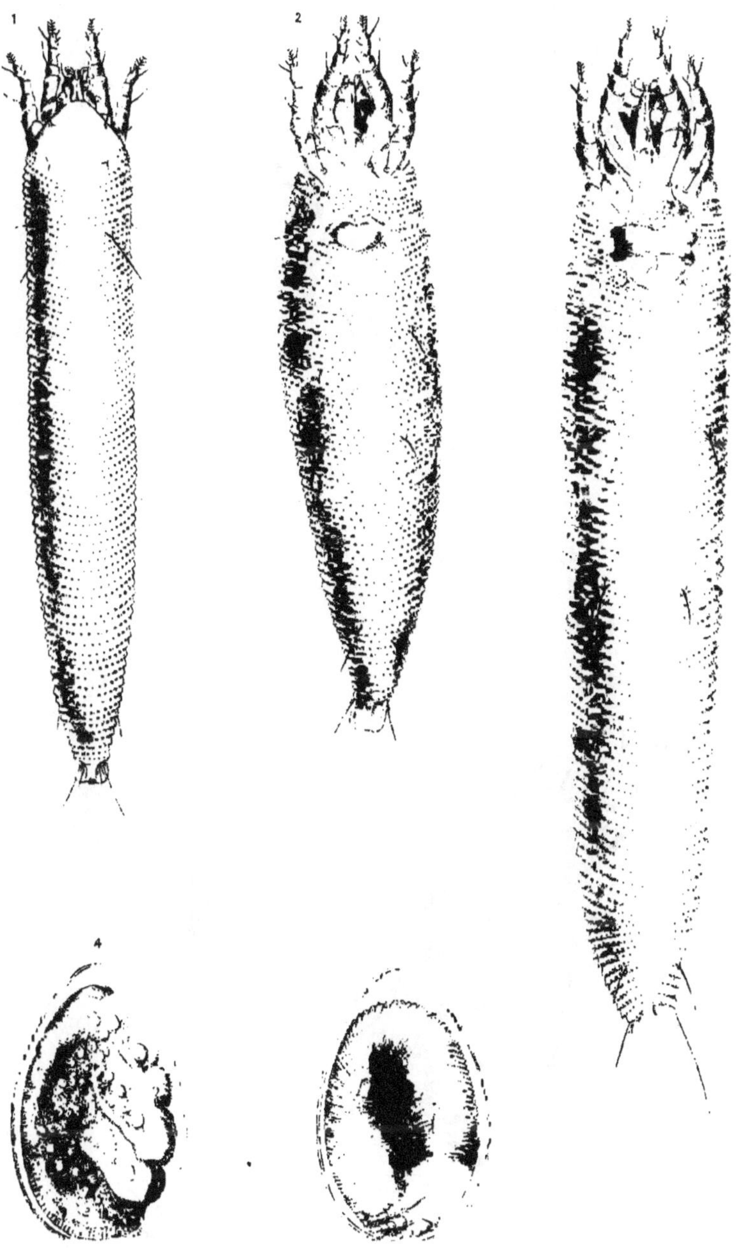
1
2
4

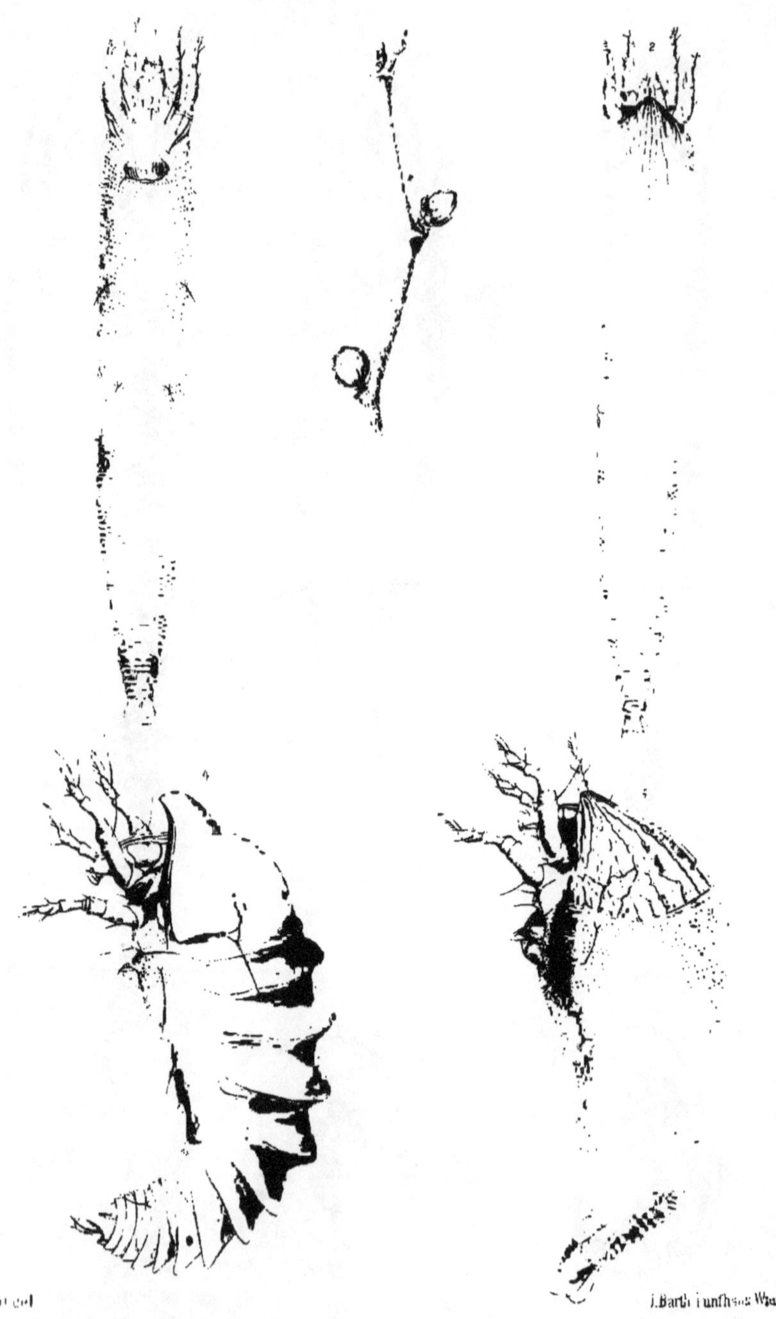

Aut. gel. J. Barth Lunfhsez Wien.

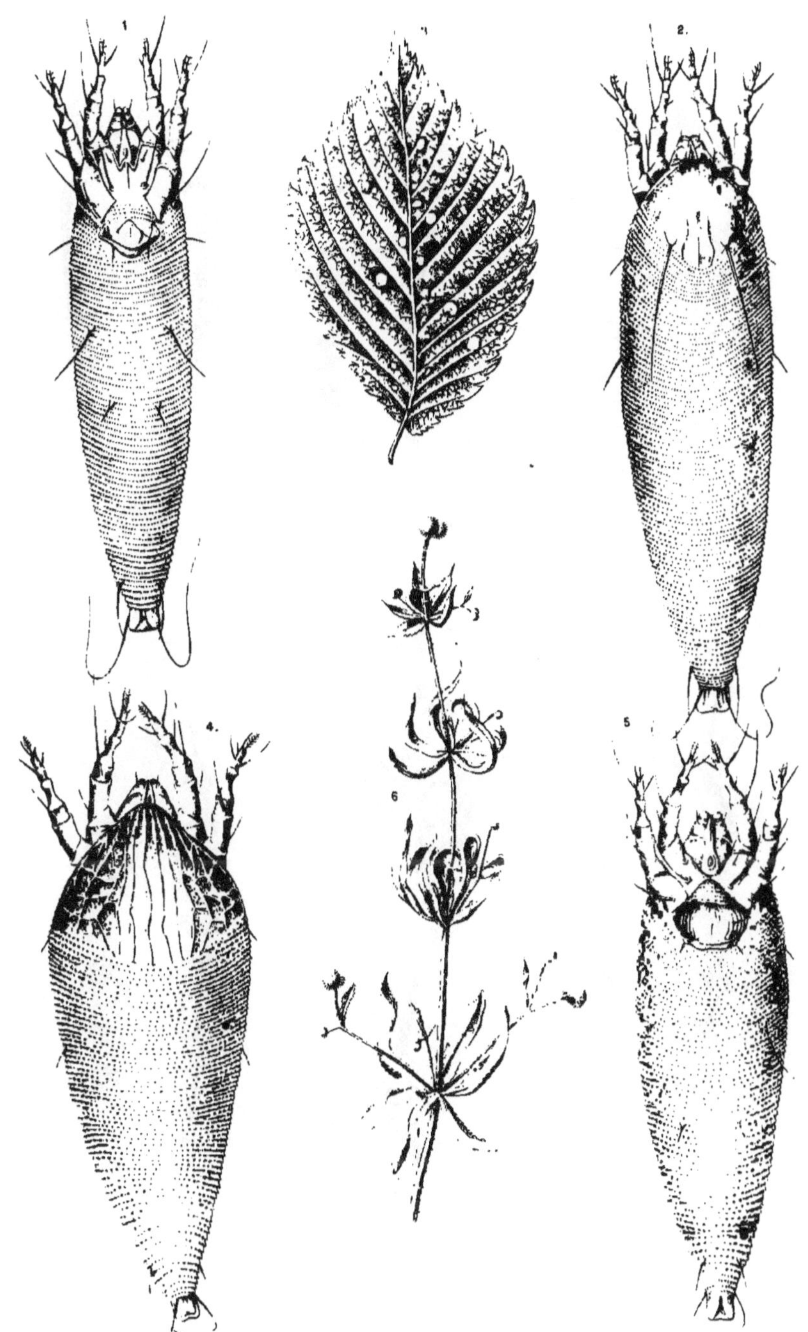
1
2.
4.
5
6

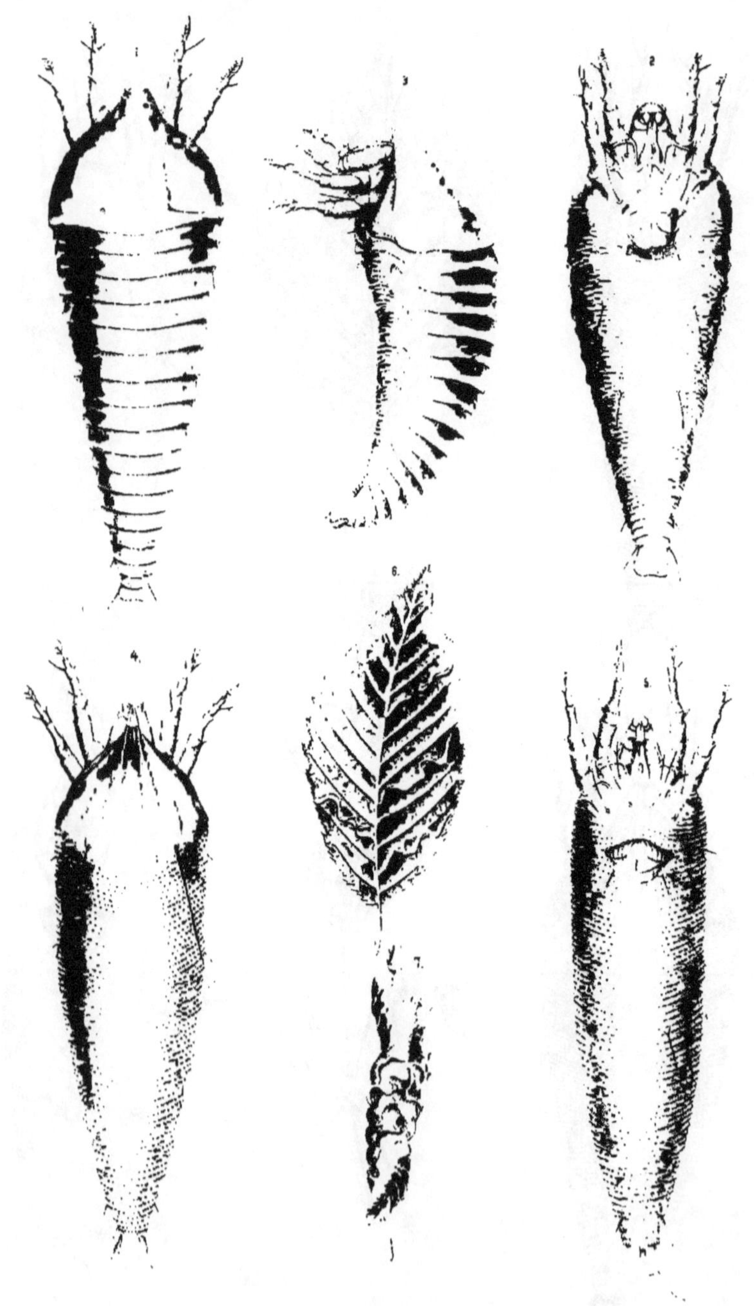

Aut. del. Ph. Lith. Anstalt v. J. Barth, Fünfhaus Wien.

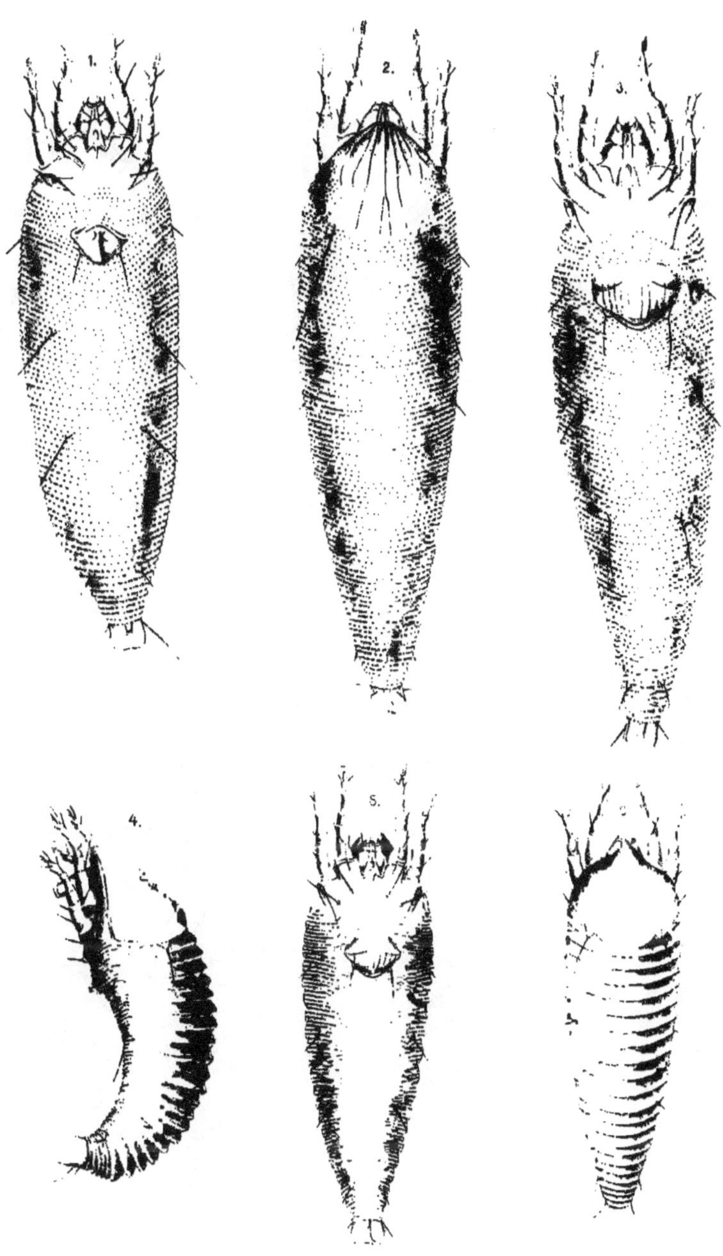

Aut. del.

Lith. Anstalt v. J. Barth Fünfhaus Wien

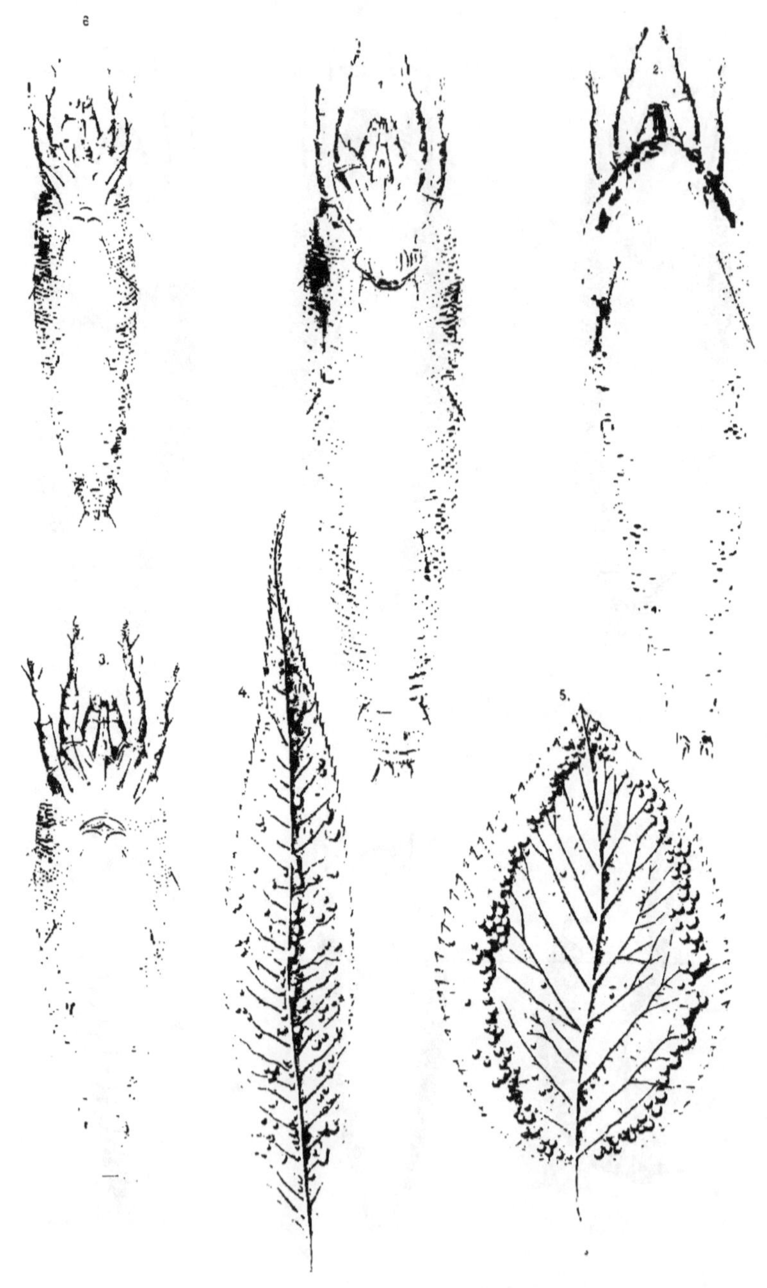
6
1
2.
3.
4.
5.

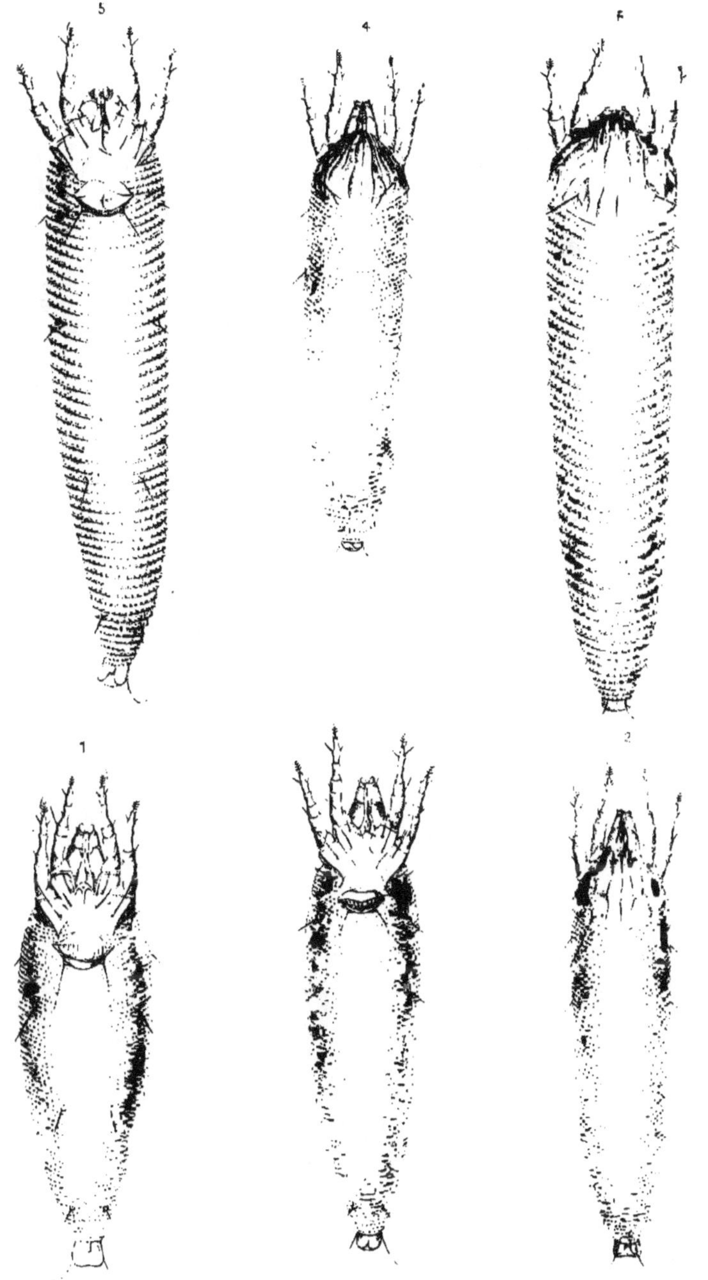

Nal. del.

www.ingramcontent.com/pod-product-compliance
Lightning Source LLC
Chambersburg PA
CBHW022021190326
41519CB00010B/1565

* 9 7 8 3 7 4 1 1 2 5 3 5 5 *